中国南方电网
CHINA SOUTHERN POWER GRID

EDRI 南方电网能源发展研究院
LMERC 南方电网澜湄国家能源电力合作研究中心

全球领先企业创新发展报告

（2021 年）

南方电网能源发展研究院有限责任公司
南方电网澜湄国家能源电力合作研究中心　编著

中国电力出版社
CHINA ELECTRIC POWER PRESS

图书在版编目（CIP）数据

全球领先企业创新发展报告.2021年/南方电网能源发展研究院有限公司，南方电网澜湄国家能源电力合作研究中心编著.—北京：中国电力出版社，2021.12

ISBN 978 - 7 - 5198 - 6233 - 6

Ⅰ．①全…　Ⅱ．①南…　②南…　Ⅲ．①企业创新－研究报告－世界－2021　Ⅳ．①F273.1

中国版本图书馆 CIP 数据核字（2021）第 240621 号

出版发行：中国电力出版社
地　　址：北京市东城区北京站西街 19 号（邮政编码 100005）
网　　址：http：//www.cepp.sgcc.com.cn
责任编辑：岳　璐（010-63412339）　邓慧都
责任校对：黄　蓓　王海南
装帧设计：张俊霞
责任印制：石　雷

印　　刷：北京瑞禾彩色印刷有限公司
版　　次：2021 年 12 月第一版
印　　次：2021 年 12 月北京第一次印刷
开　　本：787 毫米×1092 毫米　16 开本
印　　张：6.5
字　　数：90 千字
印　　数：001—800 册
定　　价：39.00 元

进入 21 世纪以来，新一轮科技革命和产业变革正在重构全球创新版图、重塑全球经济结构，重大颠覆性技术创新塑造新产业新业态，深刻改变人类生产生活，创新已经成为国家构建核心竞争力的关键。进入新发展阶段，为全面贯彻新发展理念、构建新发展格局，《中华人民共和国国民经济和社会发展第十四个五年规划和 2035 年远景目标纲要》提出，把创新放在我国现代化建设全局中的核心地位，把科技自立自强作为国家发展的战略支撑。这是以习近平同志为核心的党中央把握世界发展大势、立足当前、着眼长远作出的重大战略部署。深入实施创新驱动发展战略，强化国家战略科技力量，完善创新体制机制，提升国家创新能力，是全面建成社会主义现代化强国、实现第二个百年奋斗目标的必然路径。

企业作为最为活跃的创新主体，是服务国家创新战略，推动质量变革、效率变革和动力变革最终实现高质量发展的中坚力量。强化企业创新主体地位，促进各类创新要素向企业集聚，大力提升企业创新能力，是推动创新链和产业链有效对接、提升国家创新体系整体效能的重要战略举措。国有企业，尤其是中央企业，在我国科技创新体系中一直发挥"主力军""排头兵"作用，在"十四五"时期，要进一步强化创新引领能力，扛稳国企担当，成为我国创新驱动发展的战略科技力量。

《全球领先企业创新发展报告（2021 年）》通过持续跟踪全球创新动

态，洞察全球领先企业创新发展趋势，从技术创新、商业模式创新、管理创新等维度研究领先企业创新管理先进经验，同时深入分析中国企业创新发展挑战和方向，聚焦创新领域关键问题，研究提出国有企业创新发展路径选择。

《全球领先企业创新发展报告（2021年）》是南方电网能源发展研究院年度系列研究报告之一，编写组对书稿进行了认真研究推敲，但鉴于水平有限，难免存在疏漏与不足之处，恳请读者谅解并批评指正！

编　者

2021 年 10 月

目 录
CONTENTS

第 1 章

全球创新发展环境

新一轮科技革命和产业变革引发创新环境与创新格局重构，各国对创新的重视程度不断提升，创新前沿性与交叉融合凸显。在全球创新竞争格局中，高收入经济体仍占据主导地位，但创新多极化发展趋势日益明显。科技集群作为区域创新的主要聚集地，成为重构区域创新格局的重要动力。本章根据《2020 年全球创新指数（GII）》❶，结合经济合作与发展组织（Organization for Economic Co‐operation and Developmen，OECD）、《2020 年欧盟工业研发投资记分牌》等权威数据库，从国家与区域层面分析全球创新发展环境。

1.1　全球创新发展大势

随着产业与技术的快速发展，世界主要国家对创新的重视程度不断加强。科技创新的尖端性与复杂度凸显，创新开放程度日益提升。数字经济的快速发展，推动数据成为创新的新战略要素。

1.1.1　世界各国对创新重视程度不断提升

（1）主要国家研发投入不断增强。2013—2019 年全球主要国家研发投入强度整体呈稳步上升趋势，其中以色列与韩国的年均复合增长率分别为 3.2％和 2.7％，增长速度处于前两位，2019 年上述两国研发投入强度分别为 4.9％和 4.6％，处于全球领先地位；日本、德国、美国以 2％左右的复合增速位于第二梯队，2019 年上述国家研发投入强度均高于 3％。中国研发投入强度也实现了快速增长，2019 年以 2.2％的水平超越欧盟与英国，但与领先国家差距仍然十分明显。2013—2019 年全球主要国家研发投入强度见表 1‐1。

---

❶　报告英文名为《Global Innovation Index 2020》，其中 Global Innovation Index 缩写为 GII，后文 GII 即指该指数。

表1-1 　　　　2013—2019年全球主要国家研发投入强度❶

国别	2013	2014	2015	2016	2017	2018	2019
美国	2.7%	2.7%	2.7%	2.8%	2.8%	2.9%	3.1%
欧盟	2.0%	2.0%	2.0%	2.0%	2.0%	2.1%	2.1%
德国	2.8%	2.9%	2.9%	2.9%	3.1%	3.1%	3.2%
以色列	4.1%	4.2%	4.3%	4.5%	4.7%	4.8%	4.9%
日本	3.3%	3.4%	3.3%	3.2%	3.2%	3.3%	3.2%
韩国	4.0%	4.1%	4.0%	4.0%	4.3%	4.5%	4.6%
英国	1.6%	1.6%	1.6%	1.7%	1.7%	1.7%	1.8%
OECD	2.3%	2.3%	2.3%	2.3%	2.4%	2.4%	2.5%
中国	2.0%	2.0%	2.1%	2.1%	2.1%	2.1%	2.2%

（2）各国持续加大对关键领域科技创新和发展的支持。为了在新一轮产业变革中占据优势地位，各国持续加大对科技发展的支持。美国国会参议院于2021年4月21日推出新版《无尽前沿法案（Endless Frontiers Act）》，将发展关键科技产业上升到国家战略高度，以加强美国在关键技术方面的领导地位。日本在量子技术、新一代通信网络建设等高科技领域密集出台顶层规划及配套政策，加速中长期布局，强化战略竞争力。2021年日本新一届内阁在全球主要国家政府中首次设立经济安全保障大臣，以构建半导体供应链为工作重点，推动关键技术创新，从战略高度保障日本经济安全。英国政府持续加大科技投入，宣布建立"科学与技术战略办公室"计划，计划投资149亿英镑支持科技创新。

中国方面，"十三五"时期，中国持续推动"创新驱动发展战略"等国家战略落地实施。进入"十四五"时期，中国进一步强调打好关键核心技术攻坚战，提高创新链整体效能，国家层面对创新的关注度达到前所未有的高度。国家主席习近平主持召开的中央全面深化改革委员会（以下简称"中央深改委"）会议多次聚焦创新主题，推动改革突破。2020年中央深改委第

---

❶ 数据来源：OECD（Organization for Economic Cooperation and Development）。

十三次会议，围绕创新主题，重点研究科技体制改革进展和改革思路；2021年中央深改委第十九次会议强调，加快实现科技自立自强，完善科技成果评价机制。2021年习近平在中央人才工作会议上进一步强调创新的人才保障，提出深入实施新时代人才强国战略，加快建设世界重要人才中心和创新高地。

1.1.2 创新前沿性与交叉融合凸显

（1）研发投入向前沿性和尖端性领域集中。2018年与2019年全球领先企业研发支出集中在ICT硬件和电子设备、制药和生物技术、汽车、软件和ICT服务等创新前沿领域，合计占比达72.3%，创新前沿性和尖端性日益凸显。2018年与2019年全球主要领域研发支出占比情况见图1-1。

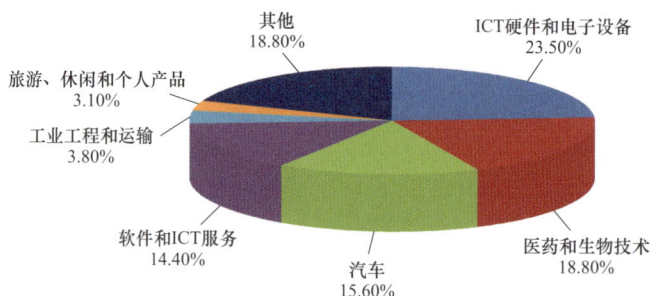

图1-1　2018年与2019年全球主要领域研发支出占比情况❶

（2）学科领域交叉融合态势凸显。以信息技术、人工智能技术的深度发展及其与生物、材料等多学科、多技术相互渗透为主要特点的交叉融合，已经成为全球科技创新的主要趋势。据统计，近一个世纪，交叉合作研究获诺贝尔奖比例大幅提升，由32.3%增至74.4%。进入21世纪以来，自然科学与社会科学交叉趋势显著增强，以2018年国际科学理事会（ICSU）和国际社会科学理事会（ISSC）合并为标志，未来创新将以更大范围的跨领域合作，推动全球的可持续发展。诺贝尔自然科学奖中交叉研究成果在不同时期奖项所占比例见图1-2。

---

❶　数据来源：《2020年欧盟工业研发投资记分牌》。

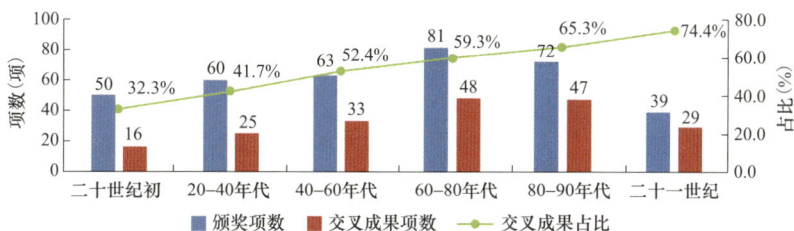

图 1-2　诺贝尔自然科学奖中交叉研究成果在不同时期奖项所占比例❶

1.1.3　创新开放程度不断强化

国际科技合作力度不断强化。随着创新的系统性和复杂性不断提升，创新链的各个环节难以在单一企业、地区乃至国家内部实现，各个国家越来越重视以全球视野谋划和推动创新，全方位加强国际科技创新合作。医药研发领域，据世界卫生组织统计，截至 2020 年 8 月底，全球已有 172 个国家和地区加入全球新冠疫苗计划，在治疗、药物和疫苗研发、防控等多个重要领域开展科技攻关和跨国合作；科研基础设施领域，中国深度参与国际热核聚变实验堆等国际大科学工程，2021 年 3 月，作为我国重要科研基础设施之一的"中国天眼"FAST，正式向全球开放，彰显了中国与国际科学界充分合作的理念；知识产权国际合作方面，以欧盟为例，据 OECD 统计数据显示，2009－2018 年欧盟对外合作专利数量明显提升，从 4960 件上升到 5617 件，增幅达 13.3％，与外国发明者合作的专利占专利总数的比重由 11.2％上升到 11.9％。2009－2018 年欧盟国际专利合作情况见图 1-3。

1.1.4　数据新晋成为创新的战略要素

（1）数据在各国创新的战略性地位日益重要。近年来，美国、德国、日

---

❶　数据来源：惠森，诺贝尔自然科学奖获奖成果中的学科交叉现象研究。数据统计范围为 1901－2011 年。

图1-3 2009—2018年欧盟国际专利合作情况

本、中国等国家先后发布大数据战略，在国家层面营造数据驱动的创新氛围，推动数据共享，支持数据驱动型创新。例如，2019年美国发布《联邦数据战略和2020年行动计划》，描绘了美国联邦政府未来十年的数据愿景，确立了20项具体行动方案，旨在进一步释放数据潜力，推动数据共享。2020年中国出台《关于构建更加完善的要素市场化配置体制机制的意见》，将数据列为五大核心要素之一，推动数据要素的市场化交易与配置，以加快我国市场经济体制的改革与转型。

（2）具有数据优势的企业创新发展势头强劲。随着数字经济时代的到来，拥有海量数据资源的互联网企业获得了快速发展，在全球创新中的地位不断提升。根据《欧盟工业研发投资记分牌》数据，2014—2020年，创新领先企业研发投入前10强中，互联网及信息技术相关行业企业数量由4家上升至7家，其中谷歌由2014年的第9位快速上升至2020年的第1位，并连续4年位居榜单前3名，三星电子、微软和英特尔等企业常年位居榜单前10名。2014年和2020年全球创新2500强TOP10企业行业分布情况见表1-2。

表1-2　2014年和2020年全球创新2500强TOP10企业行业分布情况

2014年			2020年		
排名	企业	所处行业	排名	企业	所处行业
1	大众汽车	汽车及零部件	1	谷歌	互联网、软件和计算机
2	三星电子	技术硬件和设备	2	微软	互联网、软件和计算机
3	微软	互联网、软件和计算机	3	华为	技术硬件和设备

续表

2014 年			2020 年		
排名	企业	所处行业	排名	企业	所处行业
4	英特尔	技术硬件和设备	4	三星电子	电子和电力装备
5	诺华	制药和生物技术	5	苹果	技术硬件和设备
6	罗氏制药	制药和生物技术	6	大众汽车	汽车及零部件
7	丰田汽车	汽车及零部件	7	脸书	互联网、软件和计算机
8	强生	制药和生物技术	8	英特尔	技术硬件和设备
9	谷歌	互联网、软件和计算机	9	罗氏制药	制药和生物技术
10	戴姆勒	汽车及零部件	10	强生	制药和生物技术

（3）数字化转型成为企业创新的重要方向。通过把数据融入创新研发和生产经营各环节，优化企业决策、研发创新和生产经营等流程，提升技术、劳动、资本、知识等要素的投入产出效率和资源配置效率，已经成为企业加速技术创新、商业模式创新和管理创新的主要手段。比如，中石油构建基于数字孪生的设备智能化管理系统，形成内外部连接、共享、协同机制，支持降本增效、风险管控和智慧决策，有效推动企业管理创新，不断提高全员劳动生产率和资产创效能力❶。

1.2 全球创新竞争格局

高收入经济体❷依托在人力资本和研究、知识和技术产出、创意产出等领域的突出优势，持续在全球创新体系中占据主导地位。中等收入经济体通过持续加强研发投入，加强市场、基础设施和制度的建设，不断提升创新水平，日益成为全球创新体系中的重要力量。中国随着经济的

---

❶ 资料来源：中国石油，以数字化转型驱动油气产业高质量发展。
❷ 参考世界银行对全球经济体收入水平的划分标准，按人均国民收入水平划分为高收入（＞12 535 美元）、中等偏上收入（4046－12 535 美元）、中等偏下收入（1036－4045 美元）和低收入（＜1036 美元）四类，下文中等收入经济体包含中等偏上与中等偏下收入经济体，中低收入经济体指除高收入经济体外的其他经济体。

快速发展，创新投入力度持续加强，在全球创新竞争格局中的地位日益提高。

1.2.1 高收入经济体在全球创新体系中占据主导地位

（1）高收入经济体创新排名领先。根据全球创新指数排名，全球创新排名前 25 位的经济体中，除中国外，均为高收入国家。其中，瑞士连续 10 年位居榜首，保持着世界最具创新力经济体的地位，瑞典、美国跟随其后分别位居第 2 位和第 3 位，英国和荷兰分列第 4 位和第 5 位。2020 年全球创新指数排名（前 25 位）见表 1 - 3。

表 1 - 3　　　　　2020 年全球创新指数排名（前 25 位）❶

国家/经济体	排名	收入	国家/经济体	排名	收入
瑞士	1	高	中国	14	中偏上
瑞典	2	高	爱尔兰	15	高
美国	3	高	日本	16	高
英国	4	高	加拿大	17	高
荷兰	5	高	卢森堡	18	高
丹麦	6	高	奥地利	19	高
芬兰	7	高	挪威	20	高
新加坡	8	高	冰岛	21	高
德国	9	高	比利时	22	高
韩国	10	高	澳大利亚	23	高
中国香港	11	高	捷克共和国	24	高
法国	12	高	爱沙尼亚	25	高
以色列	13	高			

（2）高收入经济体对中低收入经济体的创新领先优势仍然较大。在相邻收入组别中，中等偏上经济体与高收入经济体间的创新差距最大，2020 年平均创新得分差距达 14.6 分，远高于中低收入水平经济体间 5.4 分与 5.5 分的得分差距。同时，2011－2020 年，各收入水平经济体平均创新得分差距也呈扩大趋势，其中高收入经济体与中等偏上经济体创新差距并未缩

---

❶　数据来源：世界知识产权组织，2020 年全球创新指数（GII）。

小，由 2011 年的 14.5 分增至 2020 年的 14.6 分，高收入经济体对中低收入经济体的创新领先优势较大。2011 与 2020 年各收入水平国家平均创新得分见图 1-4。

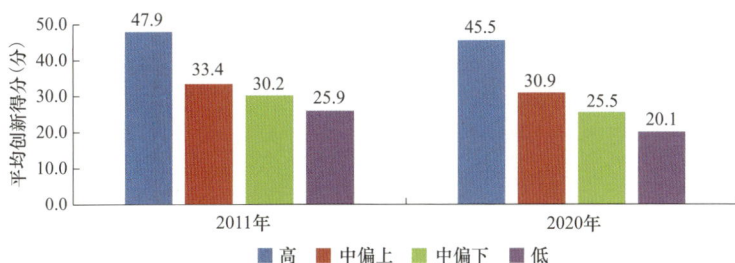

图 1-4　2011 与 2020 年各收入水平国家平均创新得分

（3）高收入经济体创新能力综合优势明显。高收入经济体经过多年的创新发展，创新体系相对成熟，在多方面建立起显著的领先优势。GII 从制度、人力资本和研究、基础设施、市场成熟度、商业成熟度、知识和技术产出以及创意产出七大方面对创新水平进行细分评价，高收入经济体在上述领域均有明显优势。其中，2020 年高收入经济体在制度、人力资本和研究方面的优势更为突出，上述两项细分领域得分与中低收入经济体的领先差距分别达 22.3 分和 29.7 分，其次为基础设施与商业成熟度，领先差距分别为 20.4 分和 19.5 分。2020 年，综合排名前 25 位的高收入经济体，其七大创新要素得分排名大多处于第一梯队。2020 年各收入组别的创新差距见图 1-5。2020 年七大创新指标排名（前 25 位）见表 1-4。

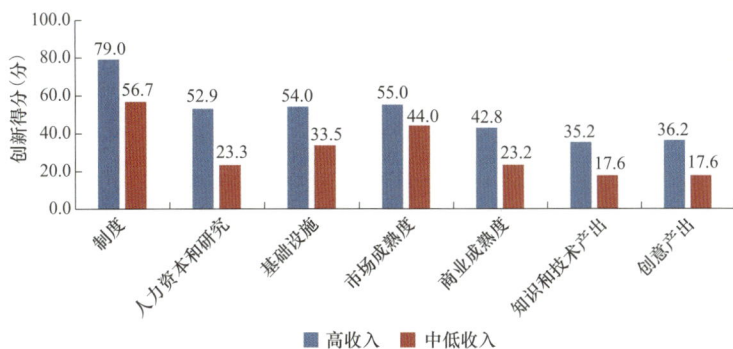

图 1-5　2020 年各收入组别的创新差距

表 1 - 4　　　　2020 年七大创新指标排名（前 25 位）❶

国家/地区	制度	人力资本和研究	基础设施	市场成熟度	商业成熟度	知识/技术产出	创意产出
瑞士	13	6	3	6	2	1	2
瑞典	11	3	2	12	1	2	7
美国	9	12	24	2	5	3	11
英国	16	10	6	5	19	9	5
荷兰	7	14	18	23	4	8	6
丹麦	12	2	4	8	11	12	10
芬兰	2	4	9	33	8	6	16
新加坡	1	8	13	4	6	14	18
德国	18	5	12	24	12	10	9
韩国	29	1	14	11	7	11	14
中国香港	5	23	11	1	24	54	1
法国	19	13	16	18	21	16	13
以色列	35	15	40	14	3	4	26
中国	62	21	36	19	15	7	12
爱尔兰	17	22	10	35	14	5	21
日本	8	24	8	9	10	13	24
加拿大	6	19	29	3	20	21	17
卢森堡	26	41	23	32	9	31	3
奥地利	15	7	20	48	17	19	22
挪威	3	16	1	25	25	33	19
冰岛	14	28	31	54	18	34	8
比利时	21	11	35	29	16	17	32
澳大利亚	10	9	22	7	26	40	23
捷克	32	33	21	47	23	15	20
爱沙尼亚	23	34	5	21	30	23	15

❶　第一梯队对应排名第 1—32 位，第二梯队对应排名第 33—65 位。

1.2.2　中等收入经济体推动全球创新向多极化发展

（1）中等收入经济体在全球的创新地位显著提升。中等收入经济体进入全球创新前 70 强的数量占比显著提升，由 2015 年的 33.3％上升至 2020 年的 41.5％。其中，前 50 强占比增长最为显著，由 2015 年的 12.5％上升至 2020 年的 16.7％。中国于 2019 年首次进入 GII 前 15 强后，持续保持在全球创新的领先地位，成为中等收入经济体创新跃升的典型代表。2015 年与 2020 年中等收入经济体全球创新排名对比见图 1-6。

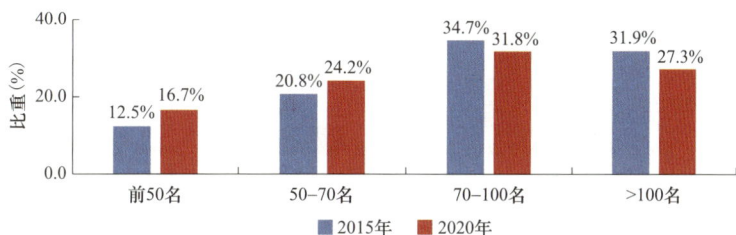

图 1-6　2015 年与 2020 年中等收入经济体全球创新排名对比

（2）中低收入经济体创新研发投入力度显著加大。中低收入经济体研发投入高速增长态势明显，1996—2017 年的复合增长率达 9.9％，远高于高收入经济体 3.1％的水平❶。随着研发投入力度的加大，中低收入经济体在全球的创新投入占比显著提升，1996—2017 年中低收入经济体研发投入在全球占比由 12.7％上升至 35.7％，其中，中国作为新兴经济体，2017 年在中低收入经济体中研发投入占比达 67.4％，是拉动中低收入经济体研发投入占比的重要力量。1996、2005 年和 2017 年按收入组别分列的全球研发支出见图 1-7。

（3）市场成熟度和制度是中低收入经济体创新水平提升的主要因素。2020 年中低收入经济体在市场与制度方面与高收入经济体的得分差距分别为

---

❶　数据来源：教科文组织统计研究所（UIS）数据库、经合组织主要科学技术指标（MSTI）、欧盟统计局和国际货币基金组织《世界经济展望》数据库。其中，高收入组别包括 54 个经济体，中低收入组别包括 97 个经济体。

11.0分和22.3分，分别较2011年的得分差距缩小7.9分和4.0分，反映了中低收入经济体创新水平的提升主要源于市场与制度环境的改善。相比之下，人力资本和研究、基础设施与创意产出等领域的差距在扩大，2020年中低收入经济体在上述三项与高收入经济体的得分差距分别为29.7、20.4分和18.6分，分别较2011年的得分差距扩大9.2、5.3分与5.9分，反映了中低收入经济体仍需要补强人力资本和研究、基础设施和创意产出的短板。2011年与2020年中低收入经济体与高收入经济体创新差距的变化见图1-8。

图1-7　1996、2005年和2017年按收入组别分列的全球研发支出❶

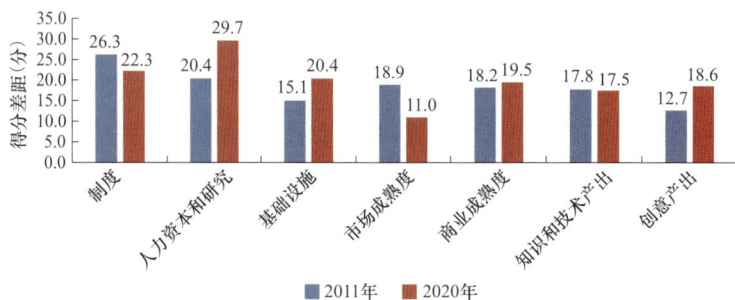

图1-8　2011年与2020年中低收入经济体与高收入经济体创新差距的变化

1.2.3　中国创新地位持续提升但短板依然存在

（1）中国创新排名持续提升。2020年中国创新指数排名位居第14位，是唯一一个进入前25强的中等收入经济体。在具体得分上，中国与以色列、

---

❶　数据按2005年美元购买力平价计算得到。

法国、中国香港和韩国等排名 10—13 位经济体之间的差距逐步缩小，与排名第 10 位的韩国相比，差距由 2015 年的 8.8 分降低至 2.8 分。全球创新排名第 10—14 位经济体分数变化情况见图 1-9。

图 1-9　全球创新排名第 10—14 位经济体分数变化情况

（2）中国持续加大研发投入力度。2013—2019 年中国 GDP 年均复合增长速度达 8.0%，远高于全球 2%—3% 的平均增速。经济实力的提升带动中国加大创新资源投入，2013—2019 年中国研发投入强度逐年增长，由 2.0% 增至 2.2%，研发投入规模年均增长率达到 28.7%。2013—2019 年中国研发投入强度变化情况见图 1-10。

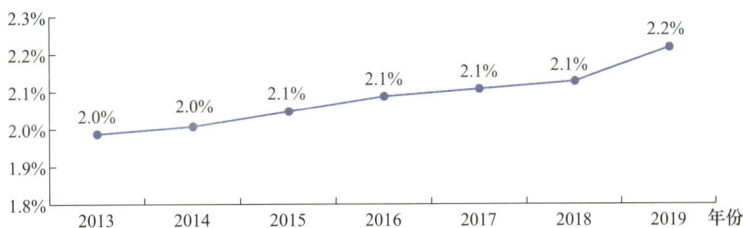

图 1-10　2013—2019 年中国研发投入强度变化情况❶

（3）中国创新质量稳步提升。在以高校水平、科学出版物和国际专利申请量 3 个维度评价的创新质量指标上，2020 年中国位居全球第 16 位，较 2015 年的第 18 位上升两位，并连续第 8 年在中等收入经济体中位居创新质量排名的榜首。其中，中国在高校质量方面排名第 3，清华大学、北京大学和复旦大学位居世界高校排名前 50 位之列。

（4）中国创新产出水平表现突出。世界知识产权组织报告显示，2020

---

❶　数据来源：OECD。

年中国以 146 万件发明专利申请量，连续九年位居全球第一。同时，GII 数据显示，中国在本国人专利申请量、实用新型、商标、外观设计和创意产品出口等方面均保持世界第一的地位。2020 年中国以全球第 26 名的创新投入实现了全球第 6 的创新产出水平❶，投入产出率达 91.9%，高于位居创新榜首的瑞士（90.4%），远超大部分高收入经济体，实现了较高的投入产出效率❷。2020 年全球创新前 15 强投入产出率情况见图 1-11。

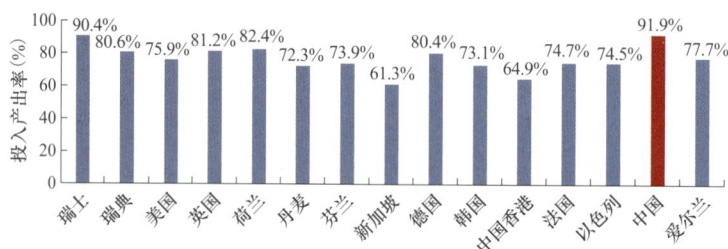

图 1-11　2020 年全球创新前 15 强投入产出率情况

（5）企业成为推动国家创新发展的重要动力。中国企业创新主体地位不断强化，在加强创新研发投入、塑造全球企业品牌上发挥了巨大作用。一方面，企业是国内研发投入的核心主体，在国内研发投入占比始终保持在 70% 以上，且呈逐年稳步增长态势，2011—2019 年，研发投入占比由 73.9% 增长至 2019 年的 76.3%。另一方面，中国企业品牌价值不断提升。在 GII 统计的全球最具品牌价值 5000 强企业榜单中，中国企业品牌入选 408 个，品牌价值达 1.6 万亿美元，在品牌数量与品牌价值上均位居全球第二，仅次于美国（1359 个品牌入选，品牌价值达 4.3 万亿美元）。2011—2019 年中国各部门研发支出占比情况见图 1-12。

（6）制度、人才、技术等创新资源排名明显提升，但短板仍然存在。从 GII 各创新要素的得分表现看，2020 年中国在制度、人力资本和研究、创意产出三大指标的排名分别为第 62 位、第 21 位与第 12 位，分别较 2011 年上升 36 位、35 位与 23 位，上升幅度最为显著，成为近 10 年中国整体创新实

---

❶　资料来源：2020 年 GII 报告。

❷　投入产出率＝创新产出得分/创新投入得分。

力提升的重要推动力量。但部分要素短板依然明显，其中，制度和基础设施指标排名分别为第 62 位和第 36 位，均处于第二梯队。2011 年和 2020 年中国各创新要素排名变化情况见图 1-13。

图 1-12　2011—2019 年中国各部门研发支出占比情况[1]

图 1-13　2011 年和 2020 年中国各创新要素排名变化情况

1.3　区域创新发展格局

科技集群（clusters of inventive activity）[2] 是指以地理空间集中的高技术产业集群为基础，由企业、研究机构、大学、政府和中介服务组织等构成，依托产业链、价值链和知识链优势，形成具有集聚经济和知识溢出特征的技术经济网络[3]。随着区域间创新协同关系日益紧密，科技集群已经成为

---

[1]　数据来源：国家统计局。
[2]　自 2017 年起，GII 报告每年评估出全球 100 个最具创新能力的科技集群榜单。
[3]　资料来源：姜永斌. 凸显关键领域未来竞争新优势，中国纪检监察报［J］，2020-9-21。

区域构建创新能力的重要组织形式，是全球科研创新的前沿阵地，各国正持续积极推动科技集群的打造。随着中国经济和创新能力快速发展，中国科技集群在全球的地位不断提升。

1.3.1 科技集群成为全球科研创新的前沿阵地

（1）领先科技集群的科研重点向前沿领域集中。前100名集群的科学论文主要聚焦在10个学科，其中80%的科学论文围绕化学、神经科学、工程、物理等重点领域展开，成为了前沿科学领域研究的主要力量。尤其是以神经科学、普通内科学、肿瘤学和心脏病学等为代表的生物医药领域，在政策加持、消费升级以及技术创新等多重因素的驱动下，科学成果集中在生物医药领域的集群数量增长最为明显，2017—2019年，该领域上榜集群增加了5个，反映了科技集群日益成为前沿领域科研的主要阵地。2017—2019年全球领先科技集群科学出版物主要学科领域分布情况见图1-14。

图1-14　2017—2019年全球领先科技集群科学出版物主要学科领域分布情况

（2）领先科技集群的技术创新重点聚焦高技术领域。2019年，全球科技集群的PCT专利申请主要分布在16个领域。排名前100的集群中有75个集群，其排名第一的专利活动聚焦在医疗技术、制药、数字通信、计算机技术和电机、仪器和能源5大新兴技术领域，反映了领先科技集群的科技创新重点聚焦全球高新技术方向，成为引领全球高科技创新的高地。2019年全球领先科技集群排名第一的专利活动领域分布情况见图1-15。

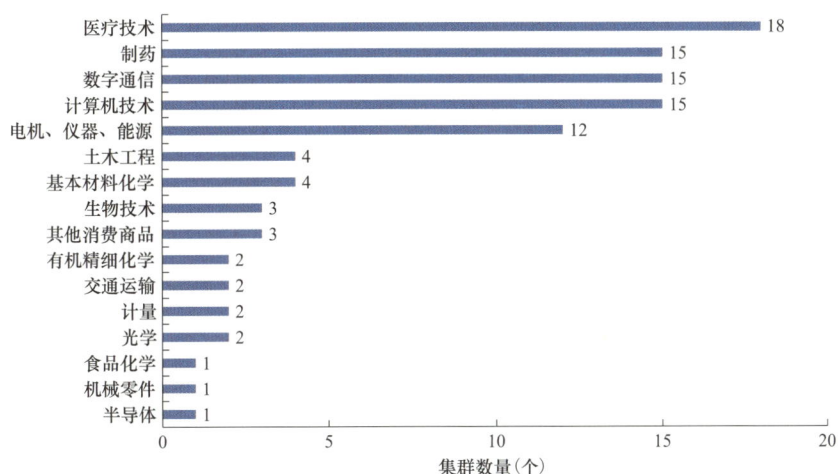

图 1-15 2019 年全球领先科技集群排名第一的专利活动领域分布情况

1.3.2 各国在科技集群层面的竞争不断强化

（1）高收入经济体科技集群占据显著优势。2020 年，排名前 100 位的科技集群有 75 个集群来自于高收入经济体，虽然较 2017 年的 89 个下降了14 个，但上榜数量仍占据绝对优势。上榜科技集群的国家分布方面，2020年上榜科技集群主要集中在美国、中国、德国、日本、加拿大、法国与英国，其数量分别为 25、18、10、5、4、3 个和 3 个。对比 2017 年数据，除中国外，上述其他国家科技集群上榜数量均出现明显下降，其中下降最明显的是美国与日本，分别减少 5 个和 3 个。2017、2020 年按收入水平划分的地区上榜集群数量分布见图 1-16。2017—2020 年全球主要地区科技集群分布变化情况见图 1-17。

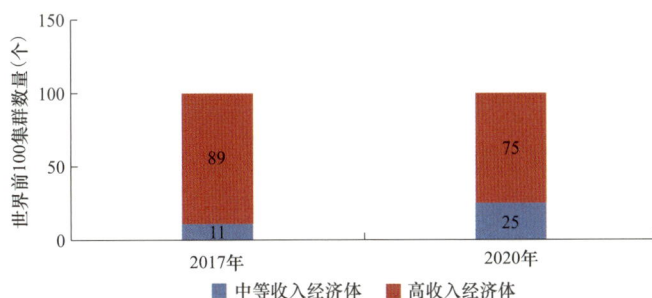

图 1-16 2017、2020 年按收入水平划分的地区上榜集群数量分布

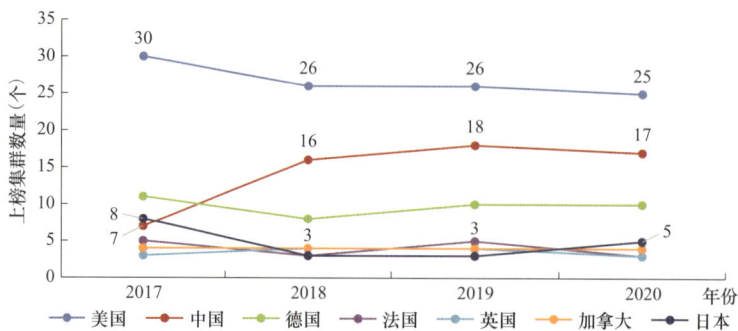

图 1-17　2017—2020 年全球主要地区科技集群分布变化情况

（2）中等收入经济体科技集群上榜数量快速提升。2017—2020 年，进入榜单的中等收入经济体数量明显增加。2017 年，仅中国、印度、马来西亚 3 个中等收入经济体的科技集群上榜。2020 年，除马来西亚退出榜单外，新增土耳其、巴西、俄罗斯和伊朗 4 个中等收入经济体上榜，中等收入经济体上榜集群数量由 11 个增至 25 个，中等收入经济体在科技集群层面与高收入经济体的竞争日趋激烈。2017—2020 年中等收入经济体上榜集群数量变化情况见图 1-18。

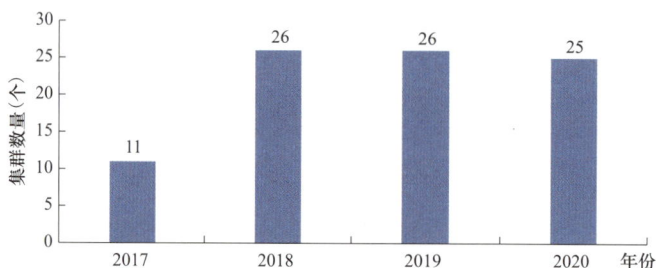

图 1-18　2017—2020 年中等收入经济体上榜集群数量变化情况

1.3.3　中国科技集群发展取得长足进步

（1）中国科技创新集群上榜数量与排名同步提升。2020 年中国有 18 个❶科技集群进入全球科技集群百强行列，上榜集群数量仅次于美国（25

---

❶　若考虑到深圳—香港—广州的合并，则 2020 年中国上榜集群数量（含台北—新竹）较 2019 年保持不变。

个），排名世界第二，数量较 2017 年增加 11 个。随着国内创新环境的优化和地区合作机制的不断完善，中国科技集群发展水平也持续提高。2020 年，中国三大科技集群进入全球领先科技集群榜单前 10 强，其中深圳－香港－广州集群高居榜单第 2 位，北京、上海集群分别位列第 4 位和第 9 位。其余大部分上榜集群排名也都明显上升，其中台北－新竹上升最快，从第 43 位上升到第 27 位，上升了 16 位，青岛、重庆和合肥均上升了 11 位。2017－2020 年中国上榜科技集群数量变化情况见图 1－19。2020 年中国科技集群上榜情况见表 1－5。

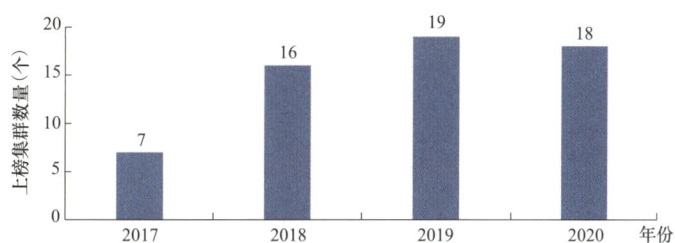

图 1-19 2017－2020 年中国上榜科技集群数量变化情况

表 1-5 2020 年中国科技集群上榜情况

序号	集群名称	2020 年排名
1	深圳－香港－广州	2
2	北京	4
3	上海	9
4	南京	21
5	杭州	25
6	台北－新竹	27
7	武汉	29
8	西安	40
9	成都	47
10	天津	56
11	长沙	66
12	青岛	69
13	苏州	72

序号	集群名称	2020 年排名
14	重庆	77
15	合肥	79
16	哈尔滨	80
17	济南	82
18	长春	87

（2）中央和地方联动推动科技集群快速发展。国家自 2006 年以来，持续出台政策大力扶持科技集群发展，如 2020 年，科技部火炬中心印发《关于深入推进创新型产业集群高质量发展的意见》，提出重点建设 100 个国家创新型产业集群。同时，各地方政府以基础设施的互联互通为先导，依托自身产业基础与资源禀赋优势，积极推进科技集群建设。比如，近年来粤港澳大湾区内部各城市以顶层规划为指引，以推动基础设施互联互通为基础，不断增强创新要素集聚能力，加强内部各城市在产业、创新等方面的协同合作。

1.4　小结与展望

在新一轮世界科技革命和产业变革背景下，以创新构建国家核心竞争力成为全球创新发展趋势。产业方向上，随着创新的前沿性、尖端性特征不断凸显，各国日益重视自主创新能力的提升，以抢占科技和经济发展制高点。创新组织方式上，开放式创新发展成为主流，科技集群凭借其规模化、成本节约和协作创新的特性，成为国家与区域构建创新能力的重要组织形式。创新要素上，在数字经济时代，数据成为新的战略性生产要素，数据对创新的重要性日益明显，数字化转型成为企业创新的重要方向。

全球创新格局方面，不同经济水平国家之间的创新差距依然较大，以欧美为代表的高收入经济体，依托丰富的资金、人才、技术等创新资源，以及系统完善的制度体系、基础设施和成熟的市场，在全球创新中仍占据主导地位。以中国为代表的新兴经济体在全球的创新影响力显著提升，推动创新的多极化发展。但中低收入经济体在尖端人才培育、基础研究突破、知识技术和创意产出等方面与高收入经济体尚存在明显差距，上述领域成为未来新兴经济体创新能力提升需要进一步改善的重要方向。

区域创新格局方面，科技集群作为构建创新能力的重要组织形式，已经成为全球科研创新的前沿阵地，高收入经济体科技集群仍占据主要优势，随着中低收入经济体的快速发展，其对创新集群的建设不断加强，推动各国在科技集群层面的竞争不断强化。

中国在全球的创新地位日益提升，但在制度与基础设施等方面依然存在短板。面向"十四五"，中国需要重点推进科技体制改革，形成支持全面创新的基础制度；同时重点推动北京、上海、粤港澳大湾区等成为更具全球影响力的国际科技创新中心，充分发挥科技集群对基础科研与产业创新的引领作用。

第 2 章

全球领先企业创新发展格局

企业作为创新的主体，在全球创新体系中的影响力不断提升，成为全球研发投入的主力。本章结合《全球创新指数（GII）》《欧洲创新记分牌》《欧盟工业研发投资记分牌》《全球创业生态系统报告》等全球权威榜单数据，重点以 2014—2020 年《欧盟工业研发投资记分牌》[1] 榜单选取的全球创新 2500 强企业[2]为分析对象，综合采用纵向时间序列分析、横向截面分析等方法，以研发投入为视角，研判全球企业创新发展态势。

2.1　创新领先企业的全球经济地位

2.1.1　创新领先企业是全球经济的重要组成部分

2013—2019 年，全球创新 2500 强企业净销售额与全球 GDP 的比值始终保持较高水平，2019 年的比值为 18.3%，反映了创新领先企业在全球经济中占据重要地位，是全球经济发展的主要力量。2013—2019 年全球创新 2500 强企业净销售额与全球 GDP 比值见图 2-1。

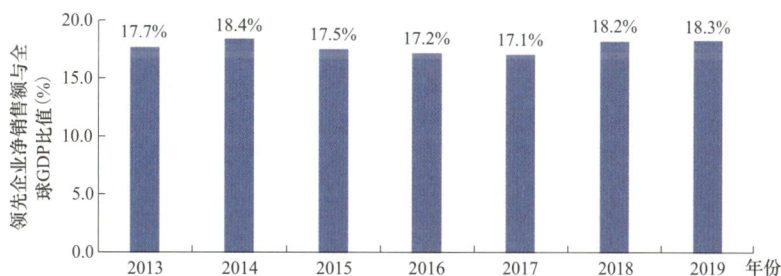

图 2-1　2013—2019 年全球创新 2500 强企业净销售额与全球 GDP 比值[3]

2.1.2　创新领先企业是全球企业的优秀代表

根据《财富》世界 500 强排行榜数据，按申报世界 500 强的主体计算，

---

[1]　《欧盟工业研发投资记分牌》于每年 11 月发布，2020 年报告统计的研发投入为 2019 年数据。

[2]　后文创新领先企业、上榜企业均指《欧盟工业研发投资记分牌》创新 2500 强企业。

[3]　数据来源：2015—2020 年《欧盟工业研发投资记分牌》、联合国数据库。

2020 年创新 2500 强企业进入 2020 年世界 500 强的数量达 245 家❶，在世界 500 强企业中占比为 49.0％，全球创新领先企业是世界一流企业群体的重要组成部分。研发投入前 5 强企业在《财富》500 强榜单中位居前列，其中苹果与三星分别位于《财富》世界 500 强的第 12 位与第 19 位。2020 年全球研发投入前 5 强企业在 2020 年《财富》世界 500 强的排名情况见表 2 - 1。

表 2 - 1　　　　　2020 年全球研发投入前 5 强企业在 2020 年

《财富》世界 500 强的排名情况

企业名称	研发投入排名	《财富》世界 500 排名
谷歌	1	29
微软	2	47
华为	3	49
三星电子	4	19
苹果	5	12

2.1.3　创新领先企业是科技集群发展的重要推动力量

创新领先企业是科技集群的创新主体，科技集群的创新水平与集群内企业创新能力密切相关。2020 年，全球前 100 名科技集群中有 74 个科技集群的专利申请主要来源于以三菱电子、华为、LG 电子和谷歌等为代表的大型科技企业。同时，创新领先企业是科技集群研发投入的主要力量。例如，2019 年华为研发总费用达到 1317 亿元❷，占广东省研究与试验发展（R&D）❸经费支出的 42.5％❹。2020 年全球前 100 强科技集群其专利申请第一名的来源分布情况见图 2 - 2。

---

❶　创新 2500 部分上榜企业以子企业为主体上榜，与财富 500 强的统计方式存在一定差别，本报告统计或存在一定偏差。

❷　数据来源：华为 2019 年年度报告。

❸　R&D，即 Research And Development 的缩写，指研究与试验发展。

❹　数据说明：2019 年，广东省研究与试验发展（R&D）经费支出为 3098.5 亿元，数据来源于《2019 年全国科技经费投入统计公报》。

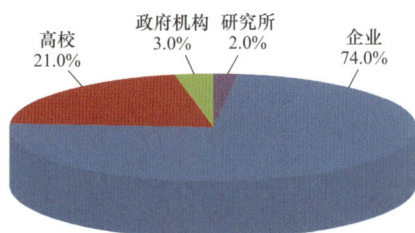

图 2-2　2020 年全球前 100 强科技集群其专利申请第一名的来源分布情况

2.2　创新领先企业的研发投入趋势

2.2.1　创新领先企业创新投入规模和投入强度不断提高

2019 年全球创新 2500 强企业平均研发投入超过 3470 万欧元，研发投入总额达到 9047 亿欧元，较 2018 年增长 9.9%。领先企业研发投入规模连续 10 年实现大幅增长，其中 2014 年、2015 年与 2018 年领先企业研发投入增幅均超 10%。研发投入强度方面，2013—2019 年净销售额年均复合增长速度为 3.7%，对应的研发投入复合增速达 7.4%，研发投入强度由 2013 年的 3.3% 增长至 2019 年的 4.3%。2013—2019 年全球创新 2500 强企业研发投入与净销售额变化趋势见图 2-3。

图 2-3　2013—2019 年全球创新 2500 强企业研发投入与净销售额变化趋势❶

---

❶　数据来源：欧盟委员会，2020 年欧盟工业研发投资记分牌。

2.2.2 领先企业创新投入比重持续上升

2013—2019 年，全球创新 2500 强企业研发投入与 OECD 国家研发投入的比值呈稳步上升态势，创新领先企业的研发强度对 OECD 国家整体水平的领先幅度从 2013 年的 0.7 个百分点上升到 2019 年的 1.8 个百分点，成为全球研发活动的主导者。全球创新 2500 强企业研发投入与 OECD 国家研发投入比值变化趋势见图 2-4。2013—2019 年 OECD 国家与全球创新 2500 强企业研发强度变化趋势见图 2-5。

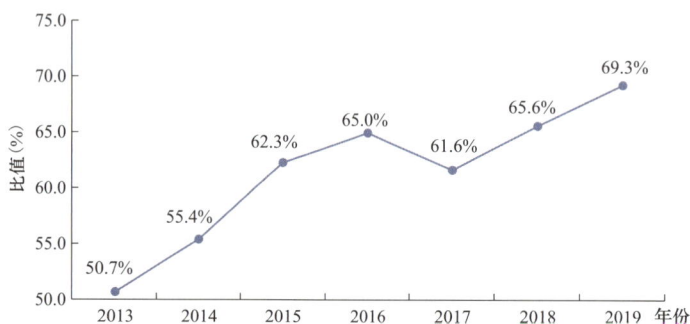

图 2-4　全球创新 2500 强企业研发投入与 OECD 国家研发投入比值变化趋势

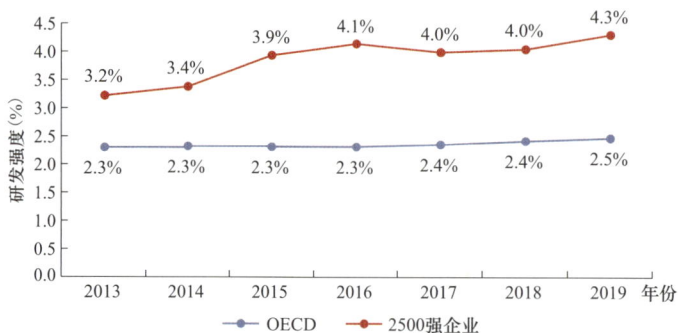

图 2-5　2013—2019 年 OECD 国家与全球创新 2500 强企业研发强度变化趋势

2.2.3 龙头企业的创新投入主导地位日益显著

2020 年，研发投入排名前 50 强、100 强和 1000 强企业的研发投入占比分别为 40.0%、52.0% 与 89.4%，企业创新投入呈现高度集中的特点。研发投入前 10 强企业的研发投入规模在上榜企业中的占比不断提升。2014 年全球研发投入前 10 强企业的研发投入占比为 14.0%，前 10 强中仅 2 家企业研发投入超过百亿欧元，2020 年前 10 强企业研发投入占比提升至 16.2%，10 家企业研发投入全部超百亿欧元，创新投入集中度不断提升。2020 年全球研发 2500 强企业研发投入占比情况见图 2 - 6。2014－2020 年全球研发投入前 10 强企业研发投入占比情况见图 2 - 7。

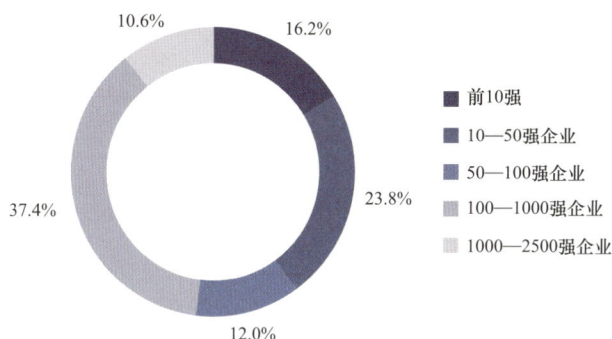

图 2 - 6　2020 年全球创新 2500 强企业研发投入占比情况

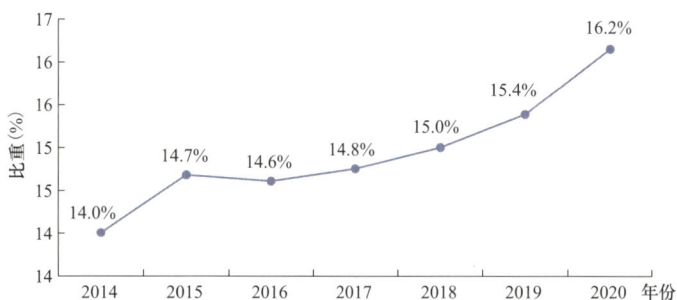

图 2 - 7　2014－2020 年全球研发投入前 10 强企业研发投入占比情况

2.3　创新领先企业的国家分布

2.3.1　主要经济体创新领先企业数量占据优势

2020 年创新投入排名前 2500 位的企业来自 43 个国家或地区，其中高收入经济体有 34 个，其余 8 个为中等收入经济体。上榜企业主要集中在美国、欧盟（含英国）、中国与日本四大经济体，占比高达 86.5％，与全球研发投入的区域布局高度一致。其中，美国以 775 家位列榜首，欧盟（含英国）、中国、日本分列第 2－4 位，上榜企业数量分别为 542 家、536 家与309 家。中国上榜企业数量增长显著，是上述国家中唯一保持上榜企业数量连续六年增长的国家，2015－2020 年复合增长率达 12％。2015－2020 年全球创新 2500 强企业的区域布局见图 2-8。

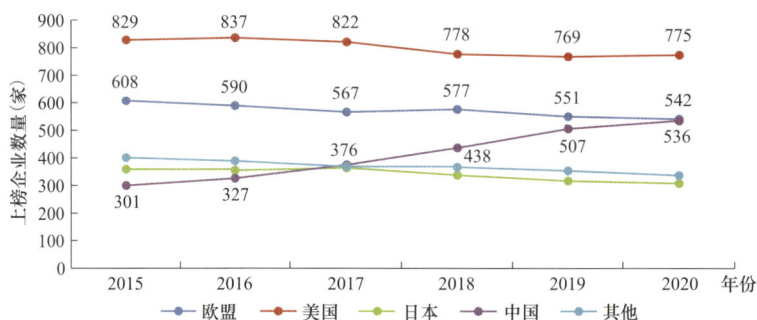

图 2-8　2015－2020 年全球创新 2500 强企业的区域布局❶

2.3.2　主要经济体创新领先企业研发投入占比持续提升

美国、欧盟（含英国）、中国和日本四大经济体上榜企业研发投入占全球创新 2500 强企业总额的近 90％，且占比逐年上升。其中，2019 年美国企业研发投入以 3477 亿欧元居榜首，在研发投入强度和规模上处于领先地位；欧盟（含英国）企业为 2204 亿欧元，居全球第二；中国企业为 1188 亿欧元，首次超过日本，成为领先企业创新投入第三大经济体。从各国的增速表现来看，2019 年中国企业研发支出增长 21％，成为领先企业创新投入增长最快的国家，其次为美国，保持 10.8％增速，欧盟研发支出增长速度相对缓慢，2019 年增速为 5.6％。2014－2019 年全球创新 2500 强企业研发投入的国家分布见图 2-9。

---

❶　数据来源：2020 年欧盟工业研发投资记分牌（图中欧盟数据包含英国）。

年份	中国	美国	日本	欧盟(含英国)	其他
2014	5.9%	38.2%	14.3%	28.1%	13.5%
2015	7.2%	38.6%	14.4%	27.1%	12.7%
2016	8.3%	39.1%	14.0%	26.0%	12.6%
2017	10.0%	37.0%	14.0%	27.0%	12.0%
2018	11.7%	38.0%	13.3%	25.3%	11.7%
2019	13.1%	38.5%	12.7%	24.4%	11.3%

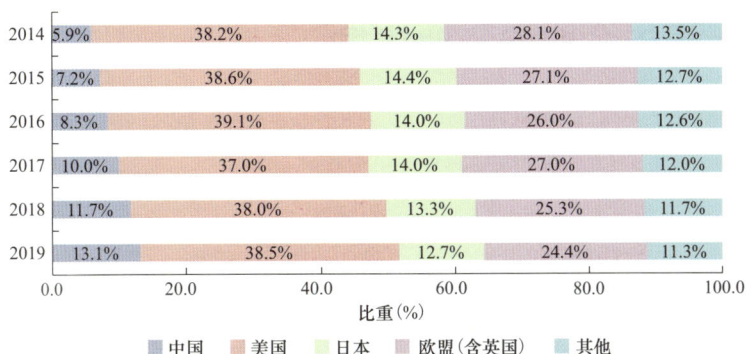

图 2-9　2014—2019 年全球创新 2500 强企业研发投入的国家分布

2.3.3　中低收入经济体企业研发投入有待提升

2020 年，除中国外，中低收入经济体上榜领先企业数量仅 46 家，占上榜企业的 1.8%，上榜企业研发投入总额为 64.4 亿欧元（不含中国），仅占 2500 强企业研发投入总额的 0.7%。2020 年全球创新 2500 强企业在各收入经济体分布情况见图 2-10。2020 年全球创新 2500 强企业在各收入经济体研发投入情况见图 2-11。

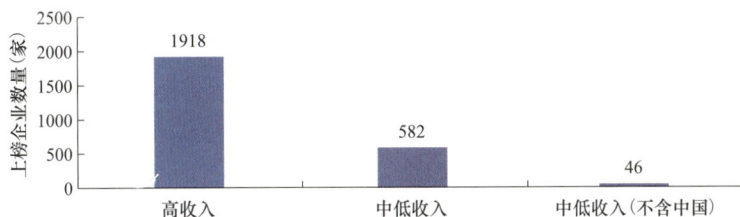

图 2-10　2020 年全球创新 2500 强企业在各收入经济体分布情况

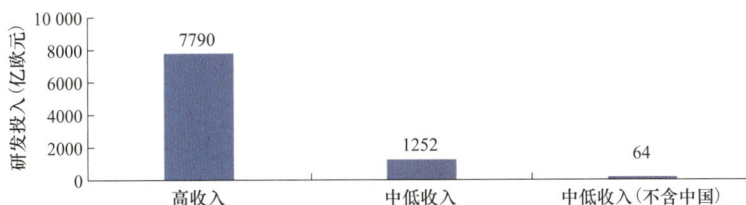

图 2-11　2020 年全球创新 2500 强企业在各收入经济体研发投入情况

2.4 创新领先企业的产业格局

2.4.1 领先企业研发投入行业特点显著

（1）前沿领域企业研发投入表现突出。投入规模方面，根据《欧盟工业研发投资记分牌》，2019 年 ICT[①] 服务、ICT 生产和健康等前沿领域企业研发投入增长迅速，分别较 2018 年同比增长 16.9％、8.2％和 7.6％。同时，前沿领域企业的研发投入在全球创新 2500 强企业中占据主导地位，2019 年行业研发投入规模排名前四分别为 ICT 生产（23.0％）、健康产业（20.5％）、ICT 服务（16.9％）和汽车行业（16.3％），占研发投入总量的 77％。投入强度方面，2009－2019 年，制药与生物科技、互联网、软件和计算机等信息服务、技术硬件和设备等三个前沿领域行业研发投入强度位居前 3 位，且投入强度进一步提升，反映了前沿领域领先企业投入的主导地位不断强化。此外，2020 年金融服务、航空航天与国防、媒体行业、医疗设备和服务、新能源等新兴产业领域研发投入强度跃升至前 15 位。

前沿领域研发投入快速增长与所处行业阶段与行业要素投入特性相关。首先，处于快速成长期的行业普遍研发投入增长较快。以 ICT 产业为例，2000－2017 年，全球 ICT 产业的制造业和服务业增加值逐年增长，由 152.3 亿元增长至 284.9 亿元，其中 ICT 服务业的增加值增长势头迅猛，年均复合增长率为 6.5％。其次，行业要素投入特点影响研发投入水平。技术密集型行业需要持续的高研发投入来建立和维持企业核心竞争力，比如，制药与生物技术、软件和计算机服务、电子电器设备等行业研发投入规模和增速持续保持领先。2000—2017 年 ICT 制造业、ICT 服务业增加值变化趋势见图 2-12。

（2）传统领域企业研发投入增长缓慢。投入规模方面，代表性传统领域2019 年研发投入增速放缓，在全球研发投入占比呈下降趋势。根据《欧盟

[①] ICT 指信息与通信技术，为英文名 information and communications technology 的缩写。

工业研发投资记分牌》，2019 年食品生产、一般工业、石油和天然气、工业工程领域研发投入较 2018 年同比增长 4.3%、0.03%、6.8% 与 7.7%，在全球创新领先企业研发投入的占比分别达 0.8%、2.3%、1.1% 与 3.6%，较 2018 年分别下降了 0.1%、0.2%、0.01% 与 0.06%。

图 2-12　2000—2017 年 ICT 制造业、ICT 服务业增加值变化趋势❶

投入强度方面，2009—2019 年，食品生产、一般工业、石油和天然气、工程工业等传统领域研发投入强度排名出现不同程度下降。根据《欧盟工业研发投资记分牌》数据，2019 年食品生产、一般工业、石油和天然气研发投入强度均跌出了前 15 位，工业工程也由 2009 年的 11 位降至 2019 年的第 14 位。2009 年与 2019 年研发强度前 15 名的行业变化情况见表 2-2。

表 2-2　　2009 年与 2019 年研发强度前 15 位的行业变化情况

排名	2009 年		2019 年	
	行业	投入强度（%）	行业	投入强度（%）
1	制药与生物技术	15.9	制药与生物技术	15.9
2	软件和计算机服务	9.9	互联网、软件和计算机	11.8
3	技术硬件和设备	8.7	技术硬件和设备	9.0
4	休闲用品	6.5	休闲用品	6.1
5	保健设备和服务	6.2	电子和电力装备	5.1
6	汽车和零部件	4.7	汽车及零部件	4.8
7	电子电气设备	4.4	金融服务	4.7
8	航空航天与国防	3.9	航空航天与国防	3.9

❶　数据来源：欧盟委员会联合研究中心（European commission's Joint Research Centre），数据范围涵盖全球 ICT 产业主要的 41 个国家/地区或组织。

续表

排名	2009 年		2019 年	
	行业	投入强度（%）	行业	投入强度（%）
9	化学药品	3.4	媒体	3.9
10	工业工程	3.1	医疗设备和服务	3.8
11	一般工业	2.6	新能源	3.6
12	家居用品	1.8	支持服务	3.4
13	固定电话	1.7	银行	3.3
14	食品生产	1.2	工业工程	3.2
15	石油和天然气生产商	0.4	一般零售业	3.2

（3）技术快速更迭推动传统行业加强技术创新。以汽车行业为例，为了适应新能源汽车与智能网联汽车的发展趋势，传统汽车企业持续加大技术研发投入，如福特、丰田和博世分别拥有 357、320 和 277 项无人驾驶车辆同族专利，无人驾驶车辆专利申请量位列行业前三[1]。能源领域，近年来新技术和新商业模式不断应用到能源系统中，要求能源企业加快数字化转型步伐和智慧能源技术的研发创新，以应对能源世界的新发展趋势。例如，德国意昂集团为了满足欧洲日益增长的可再生能源需求，联合亚琛工大，成立 E. ON 能源研究中心，并与智慧能源领域企业采取联合开发模式，围绕可再生能源、能源网络等开展持续的技术研发，为企业向综合能源服务商转型提供有力的技术支持。

2.4.2 各国领先企业研发投入与战略支柱产业发展密切相关

中国、美国、欧盟、日本等主要国家均在 ICT 领域、健康领域、汽车及交通领域大规模投入，但侧重点各有不同。例如，美国生物医药产业创新水平和产业发展领先全球，美国领先企业也高度重视健康领域的投资，根据《欧盟工业研发投资记分牌》，2019 年美国在健康领域领先企业的研发投入比重达到 26.4%，远超中国和日本，全球研发强度前 10 的生物制药公司中有 5 家来自美国。近年来，中国着力打造 ICT 产业，中国领先企业在 ICT 领域研发投入最为活跃，

---

[1]　参考：世界知识产权组织，创新版图：地区热点、全球网络。

2019 年占中国上榜企业研发投入总额的 47.5%。汽车产业是欧盟和日本的支柱产业，汽车领域领先企业的研发投入在欧盟和日本研发投入中占据主要地位，2019 年欧盟和日本汽车领域研发投入占各自上榜企业研发投入的比重分别为34.8% 和 31.3%。2019 年按经济体和行业组别划分的研发投入占比见图 2-13。

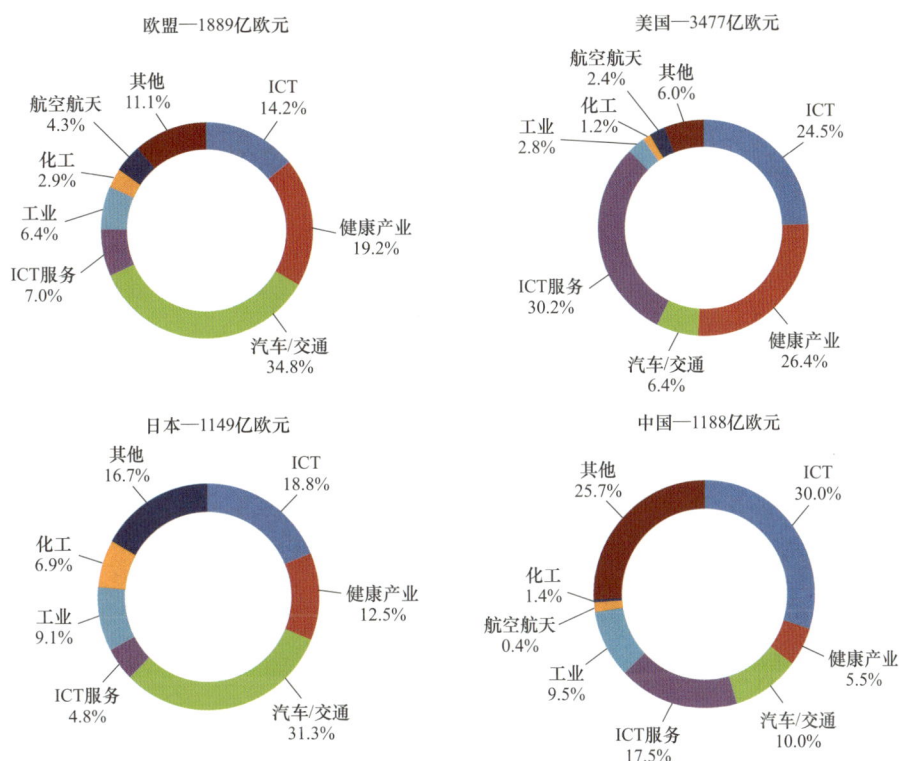

欧盟—1889亿欧元
航空航天 4.3%
其他 11.1%
ICT 14.2%
化工 2.9%
工业 6.4%
ICT服务 7.0%
健康产业 19.2%
汽车/交通 34.8%

美国—3477亿欧元
航空航天 2.4%
其他 6.0%
化工 1.2%
工业 2.8%
ICT 24.5%
ICT服务 30.2%
健康产业 26.4%
汽车/交通 6.4%

日本—1149亿欧元
其他 16.7%
ICT 18.8%
化工 6.9%
工业 9.1%
健康产业 12.5%
ICT服务 4.8%
汽车/交通 31.3%

中国—1188亿欧元
其他 25.7%
ICT 30.0%
化工 1.4%
航空航天 0.4%
工业 9.5%
健康产业 5.5%
ICT服务 17.5%
汽车/交通 10.0%

图 2-13　2019 年按经济体和行业组别划分的研发投入占比

2.5　中国领先企业创新能力发展态势

2.5.1　领先企业主体地位日益强化，但与发达国家仍有差距

（1）中国领先企业研发投入实现跨越式增长，在全球研发中所占份额不断上升。2009—2020 年，中国企业进入《欧盟工业研发投资记分牌》的数量大幅增加，由 2009 年的 15（1000）家增长到 2020 年 536（2500）❶ 家，

---

❶　括号内为当年《欧盟工业研发投资记分牌》统计企业的数量。

企业数量是2009年的35.7倍。2009—2020年，中国上榜企业研发投入实现444%的飞速增长，由26亿欧元上升到1188亿欧元，占全球创新2500强企业总研发投入的比重由0.9%上升至13.1%，仅次于美国位居第二。2009—2020年中国上榜企业研发投入及占比变化趋势见图2-14。

图2-14　2009—2020年中国上榜企业研发投入及占比变化趋势

（2）中国领先企业研发投入强度较美国、欧盟、日本等发达经济体仍有较大差距。近年来，中国创新领先企业研发投入强度明显增加，2016—2019年，中国上榜创新前2500强企业研发投入强度从2.8%提高至3.3%，增长17.9%。但中国企业研发投入强度低于全球平均水平（4.3%），显著低于美国7.1%的研发投入强度，其中制药与生物技术的差距尤为明显。近年来中国上榜企业在制药与生物技术领域的研发投入强度不断提升，2009—2019年由2.5%上升至5.0%，但仍低于全球平均水平（16.1%），显著低于美国（20.6%）。2019年重点国家/地区上榜企业研发投入强度见图2-15。2019年中国创新领先企业研发投入前七大行业研发强度与美国比较见图2-16。

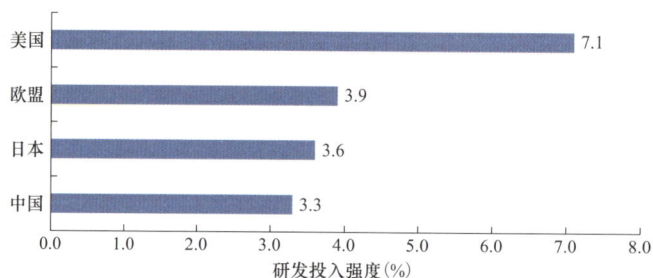

图2-15　2019年重点国家/地区上榜企业研发投入强度

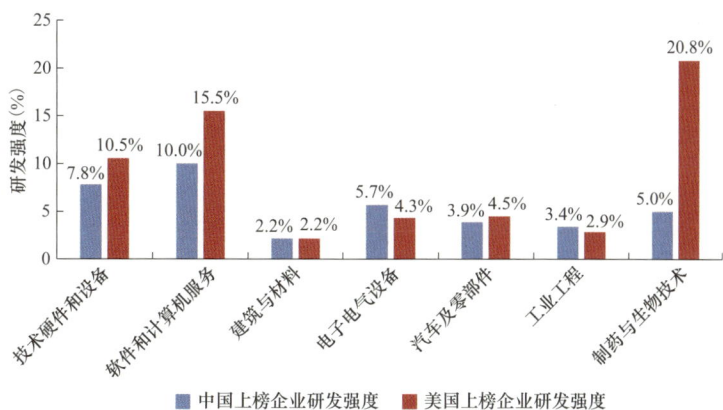

图 2-16　2019 年中国创新领先企业研发投入前七大行业研发强度与美国比较

2.5.2　领先企业研发投入聚焦前沿，但绿色创新仍需加强

（1）基础建设领域研发投入占比下降，ICT 领域软硬件投入不断增强。近年来随着我国产业布局持续优化，建筑及材料、工业工程等基础领域进入创新前 2500 强的企业数量占比持续下降，从 2010 年的 20.0% 和 13.3% 分别下降到 2020 年的 5.6% 和 7.8%。2014 年以来，随着京东方、立讯精密、华为、阿里巴巴、腾讯、百度等 ICT 领域企业的研发投入不断上升，到 2020 年，中国企业 ICT 领域软硬件研发投入占中国上榜企业总研发投入比重已接近四成。2010 年前八大行业中国上榜企业数量比重情况见图 2-17。2020 年前八大行业中国上榜企业数量比重情况见图 2-18。

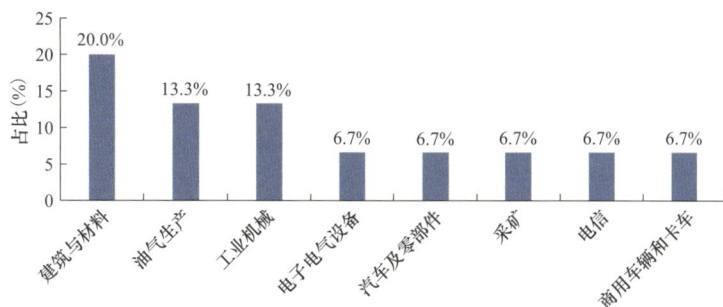

图 2-17　2010 年前八大行业中国上榜企业数量比重情况

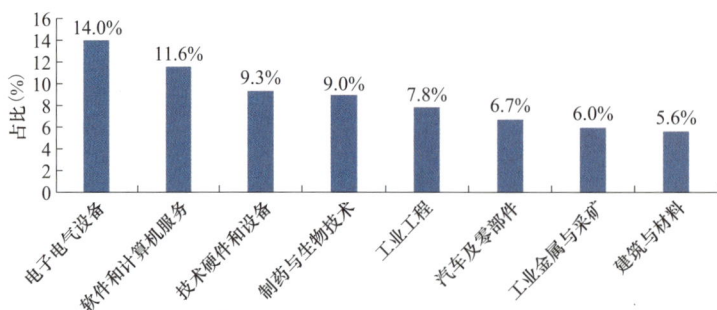

图 2 - 18　2020 年前八大行业中国上榜企业数量比重情况

（2）中国领先企业对全球绿色创新的贡献度有待提升。2010—2016 年上榜企业绿色发明数量占全球总量的 82%，成为推动绿色技术发展的核心力量。企业的主导性在发达国家更为明显，如 2010—2016 年日本 97% 的绿色发明由企业创造，在美国与欧盟该占比分别高达 89% 与 87%。中国企业在绿色技术创新领域的活跃度与发达国家仍有差距，贡献度仅 65%，主要集中在能源与工业应用领域，分别占国内绿色创新专利数量的 27% 与 24%。国内龙头企业在上述两大领域的创新带动效应显著。其中，国家电网主要专注于能源领域，2010—2016 年涉及能源领域的绿色发明占比达 45%。中国石油聚焦工业应用领域，占比高达 83%。2010—2016 年全球代表性国家企业绿色专利占比情况见图 2 - 19。

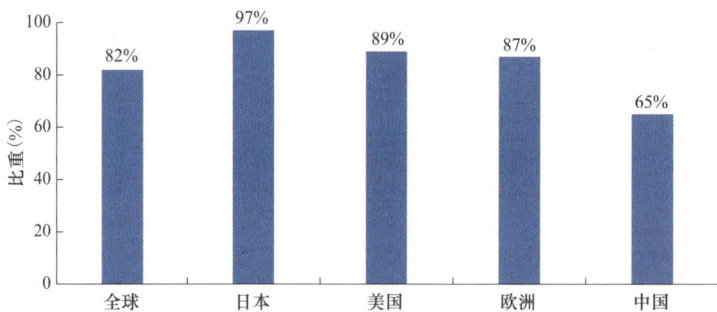

图 2 - 19　2010—2016 年全球代表性国家企业绿色专利占比情况❶

2.5.3　民营企业与国有企业的创新布局互补性强

（1）民营企业是国内创新活力的重要体现。2020 年中国有 536 家企业

---

❶　数据来源：欧盟委员会，2020 年欧盟工业研发投资记分牌。

进入全球创新前 2500 强，其中，民营企业数量占比达到 65.9％。中国上榜民营企业 2019 年研发投入占中国上榜企业研发总投入的 62.7％，企业平均研发投入为 2.1 亿元。2020 年全球创新 2500 强中中国国企和民企上榜情况见图 2‐20。

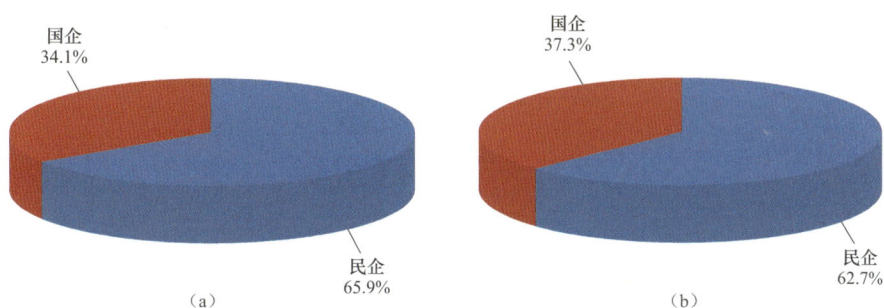

图 2‐20　2020 年全球创新 2500 强中中国国企和民企上榜情况
（a）上榜数量分布；（b）研发投入占比

（2）中央企业在国有企业创新中发挥重要作用。2020 年，中国有 183 家国有企业进入全球创新前 2500 强，研发投入占中国上榜企业研发总投入的 37.3％，上榜国有企业的平均研发投入为 1.9 亿元。其中，央企上榜 84 家企业，数量占上榜国有企业总数的 45.9％，研发投入占比为 57.8％，平均研发投入高达 3.1 亿元，在国内创新中发挥较强的规模优势。2020 年全球创新 2500 强中中国国有企业上榜情况见图 2‐21。

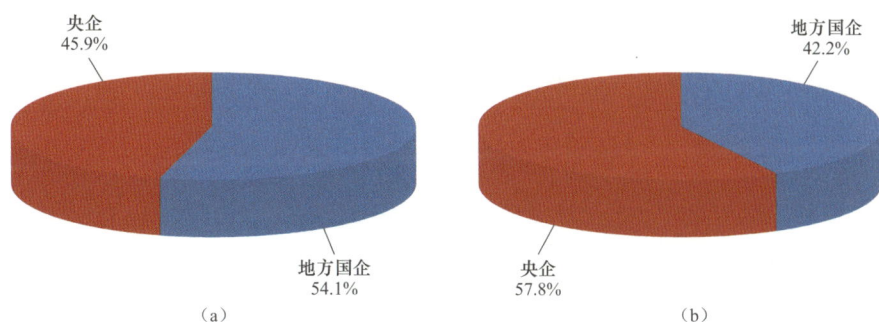

图 2‐21　2020 年全球创新 2500 强中中国国有企业上榜情况
（a）上榜数量分布；（b）研发投入占比

（3）国企与民企在创新领域布局的互补性强。从 2020 年全球创新 2500

强企业的行业布局来看，国企和民企之间形成一定的分工与产业互补关系。2020 年国有上榜企业分布于 20 个行业，主要集中在建筑与材料、工业工程、工业金属与采矿等传统基础建设领域，其 2019 年研发投入分别为 131.0 亿、44.8 亿和 38.5 亿元。民营企业行业分布主要集中在技术硬件和设备、互联网、电力电子等前沿领域，研发投入分别为 221.1 亿、179.9 亿和 81.9 亿元，同时紧密结合市场需求，广泛分布于生活休闲、旅游休闲、新媒体等 28 个行业，充分发挥了民营企业在创新上的灵活性。2020 年中国上榜全球创新 2500 强国企和民企研发投入行业分布见图 2-22。

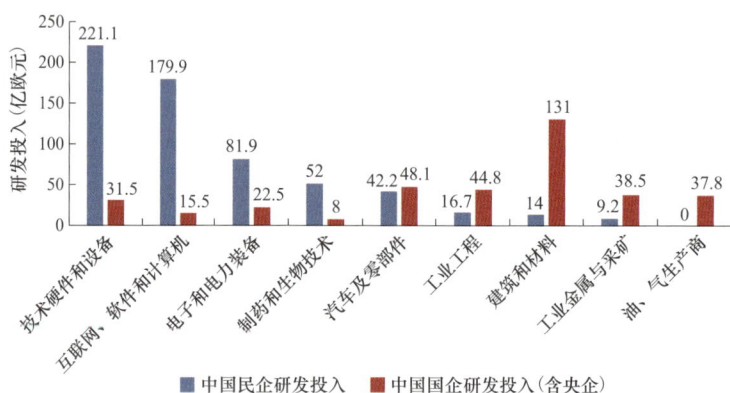

图 2-22 2020 年中国上榜全球创新 2500 强国企和民企研发投入行业分布

2.5.4 领先企业区域分布不平衡特点突出

（1）中国创新领先企业主要分布在东中部地区，与国内经济发展格局较为匹配。从中国进入创新前 2500 企业的区域分布情况看，广东、北京、浙江、上海、江苏、山东、香港等沿海经济发达地区在企业创新资源上具有明显优势，区域创新水平与经济发展水平具有强正相关关系。例如，广东、北京、浙江、上海国内 GDP 前 4 强省市，创新领先企业数量居全国前列，分别为 86 家、84 家、60 家与 44 家，而云南、海南、山西等经济相对欠发达地区上榜企业数量仅为 1—2 家。2020 年中国创新领先企业区域分布见图 2-23。

（2）民营企业在创新活跃地区扮演重要角色。除北京外（央企总部聚集地），广东、北京、浙江、上海、江苏等创新最活跃的地区，民营创新领先企业的数量占比均超 65％，其中浙江省凭借较强的民营经济基础，上榜民营企业数量占比高达 90％，广东、上海和江苏占比分别达 75.6％、65.9％和 73.7％。国有经济在东北、中西部地区创新发展中发挥更重要的引导作用，如黑龙江、湖南等地区国有企业上榜数量占比分别达 83％和 67％。2020 年中国上榜全球创新 2500 强的国企和民企的区域分布见图 2-24。

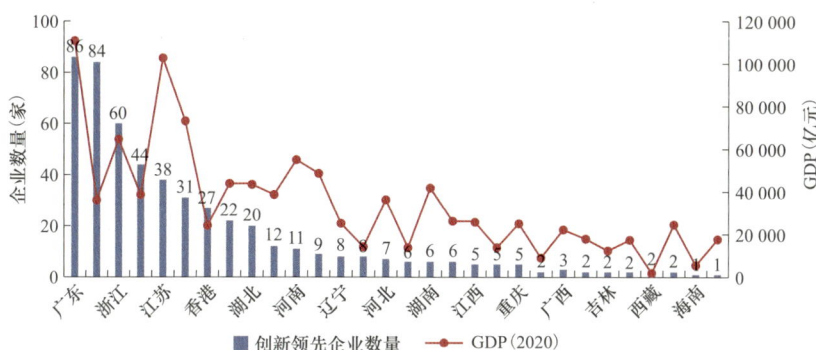

图 2-23　2020 年中国创新领先企业区域分布

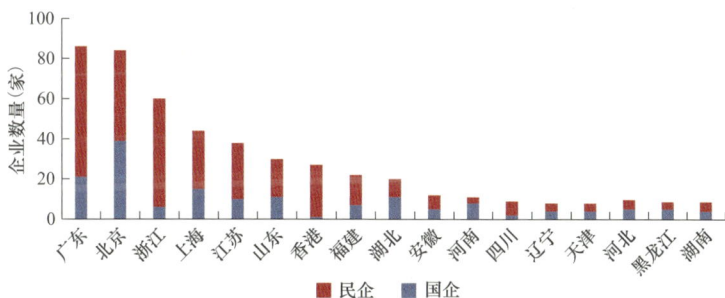

图 2-24　2020 年中国上榜全球创新 2500 强的国企和民企的区域分布

（3）国内创新活跃地区基于自身资源禀赋与发展规划，形成产业特色鲜明的创新布局。当前国内已经形成北京、上海和粤港澳大湾区三大创新集聚区，各区域根据自身资源禀赋，建立各具特色的创新布局。北京方面，依托高校与科研基础设施优势，在互联网、软件和计算机领域的创新引领性较强，2020 年上述领域上榜企业数量达 27 家；上海方面，借助政策与集群创新环境优势，聚焦生物医药与集成电路产业创新发展生态构建，2020 年上述领域上榜企业达 9 家；广东方面，凭借优越的创新环境与雄厚电子信息和装备制造业产业基础，在 ICT 生产与服务和电子电力装备等方面创新能力较为突出，2020 年 ICT 生产与服务和电子电力装备领域上榜企业分别为 24 和 21 家。代表性区域创新领先企业行业分布情况见图 2‑25。

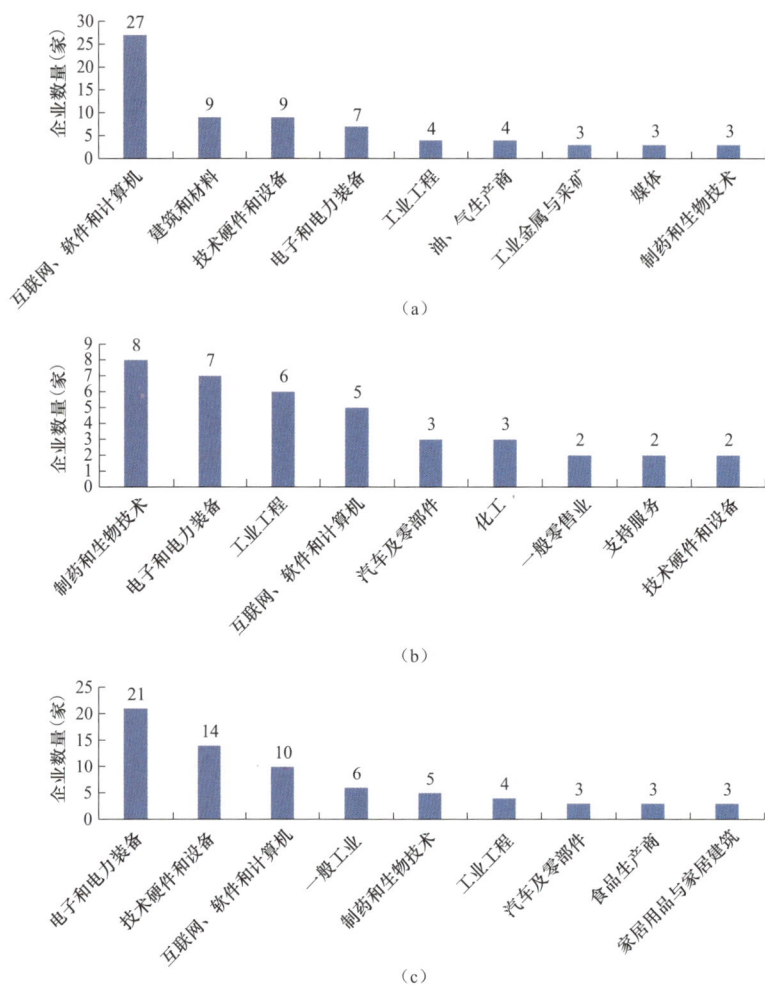

图 2‑25　2020 年代表性区域创新领先企业行业分布情况
（a）北京；（b）上海；（c）广东

2.6　小结与展望

全球领先企业研发投入规模保持稳定增长，在全球研发投入中占比不断提升，成为全球创新的主导力量。为了在新一轮的产业竞争中占据优势地位，全球领先企业研发投入持续向 ICT 生产、ICT 服务和健康产业等前沿领域聚焦。

中国领先企业在全球创新影响力不断提升，表现为中国企业研发投入实现跨越式增长，在全球研发中所占份额不断上升，同时企业研发不断向高新技术产业集中，创新引领性不断增强。民营企业作为国内创新的重要主体，与国有企业创新形成了良好的协同互补格局。近年来，央企不断加大科技研发投入、提升创新能力，在科技创新方面取得了丰硕成果，充分彰显了国之重器的实力与担当。但当前中国领先企业的创新仍存在明显短板，研发投入强度和绿色创新力度与发达国家仍有较大差距，生物医药等前沿领域的研发投入仍有待加强，领先企业国内区域分布不平衡特点较为突出。

面向未来，中国创新领先企业一方面要聚焦生物医药、软件与计算机服务等高新技术领域以及绿色技术方面的创新，提升行业创新竞争力与产业话语权；另一方面要充分发挥央企、地方国企、大型民营企业在资本、产业体系、创新载体、要素平台等方面优势，推进区域创新联动，形成优势互补，加强技术协同攻关，共享科技创新资源，促进科技成果转化。

第 3 章

全球领先企业创新模式

自 1921 年，美籍奥地利经济学家约瑟夫·熊彼特首次提出"创新理论"以来，学术界持续对创新的内涵进行丰富。从创新程度看，创新可分为微创新、渐进式创新和颠覆性创新等；从创新内容看，创新可以分为技术创新、制度创新、商业模式创新、企业家创新、管理创新、文化创新与系统创新等❶。从企业经营行为分析，技术创新、管理创新和商业模式创新在企业市场竞争力构建中扮演不同角色，技术创新是关键，发挥引领作用，为其他创新提供知识服务与技术输出；商业模式创新是核心，面向用户为其提供新服务、新产品，挖掘利润增长新途径，全方位提升创新能效；管理创新是保障，通过夯实管理基础，保障其他创新的有效实施。本章聚焦技术创新、商业模式创新与管理创新三大维度，选取国内外优秀企业作为案例进行解构研究，总结全球领先企业创新路径，为企业创新发展提供借鉴。

3.1　企业技术创新趋势及案例研究

全球科技竞争日益激烈，产业格局深度调整，创新前沿性与交叉融合凸显，创新开放程度不断强化，企业技术创新呈现三大趋势。

一是日益重视掌握核心技术。随着全球产业分工加速重构，产业链供应链竞争日益激烈，新技术新业态新模式不断出现，尤其新冠疫情的持续，对全球产业链、供应链稳定造成巨大挑战。越来越多企业意识到，只有不断提升关键技术创新能力，在具有决定性、枢纽性、通用性与前瞻性的关键技术领域占据优势，确保自身对核心关键技术和关键零部件的控制力，才能持续保持企业的核心竞争力。

二是日益重视开放式平台构建。随着技术创新成本的增加与创新风险的

---

❶ 包括以清华大学傅家骥教授等为代表的技术创新研究，以东南大学夏保华教授等为代表的制度创新研究，以西南财经大学罗珉教授等为代表的商业模式创新研究，以著名经济学家张维迎等代表的企业家创新研究，以工程院院士许庆瑞为代表的管理创新研究，以社科院研究员刘光明为代表的文化创新研究，以华南理工大学张振刚教授等为代表的系统创新研究。

提高，企业更加重视开放式平台构建。企业通过加强产学研合作、组建企业技术联盟、开展技术并购等方式，加强与上下游企业、高校、研究机构在人才、技术与渠道等领域的全面合作，综合利用内外部创新资源，增强企业技术创新能力，降低创新成本，加快创新过程。

三是日益重视全球创新资源整合。在互联网和信息技术的助推下，人才、知识、技术与资本等创新资源全球流动的速度、范围和规模达到空前水平，创新活动的网络化、全球化特征越发突出，为企业充分利用全球资源，强化企业创新能力提供巨大空间。通过招募全球创新人才、设立海外研发机构、面向全球开展风险投资等方式，最大限度整合全球创新资源，构建企业创新生态，已经成为企业提升创新能力的主要方向。

3.1.1　华为——自主研发与开放创新结合，攻关核心关键技术

华为创立于 1987 年，是全球领先的 ICT 基础设施和智能终端提供商，也是全球通信技术领域中最具竞争优势的中国企业。过去 30 年持续、高强度的研发投入推动了华为的创新发展，奠定了其在信息与通信领域的核心竞争力。2020 年，华为跻身全球创新领先企业前十名[1]，拥有专利数量全球排名第一，持有有效授权专利 4 万余族（超过 10 万件），90% 以上专利为发明专利，成为全球创新企业的杰出代表。

华为处于技术快速迭代的信息产业，为了应对激烈的产业竞争，华为始终保持着较强的忧患意识，围绕核心关键技术攻关构建起自身的竞争优势，以高强度的研发投入支持自主研发能力建设，并重视外部创新资源的整合，加速技术创新。

（1）聚焦行业核心关键技术研发。华为坚持以压强原则，在成功的关键因素和选定的战略点上，以超过主要竞争对手的强度配置资源，实现重点突

---

[1]　资料来源：全球知名咨询公司波士顿（BCG）公司 2021 年发布报告，提名了全球最具创新性的 50 家公司，苹果排名第一，谷歌第二，亚马逊第三，华为排名第八，前 10 名中唯一的中国企业。

破❶。压强原则落实在技术创新上，表现为聚焦关键核心环节，始终以较强的忧患意识保持对核心技术的持续跟踪，通过提升自主创新能力，构建技术优势。例如，操作系统缺失一直制约我国电子信息产业发展的重要因素，为了破解这一"卡脖子"环节，华为前瞻性部署鸿蒙操作系统开发，在全球技术竞争日益激烈的背景下，保障了企业发展的自主权。在5G领域，华为在2009年即开始部署5G技术研发，当时3G才刚开始在国内普及，华为通过前瞻性的核心技术布局，奠定了5G时代的行业领导者地位。2020年华为宣布开始6G技术研发，进一步显示了其通过核心技术前瞻性研发构建企业领先优势的战略和雄心。

随着信息产业的进一步发展，基础理论突破与产业技术创新的要求越来越高，在此态势下，2019年，华为宣布了创新2.0战略，进一步聚焦技术创新的核心环节，基于对未来智能社会的假设和愿景，打破制约ICT发展的理论和基础技术瓶颈❷，实现从产品和技术创新向理论突破和基础技术发明转变。

（2）长期保持高强度研发投入。为了支持核心关键技术研发，华为长期保持高强度的科技创新投入，研发投入强度长期保持在10%以上。2020年，华为的研发投入达到1418.9亿元，研发投入强度达到15.9%，投入规模较2011年增长了约5倍，2011—2020年累计投入的研发费用超过7200亿元。同时，华为高度重视研发人才的引入，2020年从事研究与开发的人员达10.5万名，约占公司总人数的53.4%。2011—2020年华为研发费用与研发投入强度见图3-1。

（3）引入IPD模式实现研发管理模式变革。华为引入高效的创新管理模式，通过有效链接技术与市场、优化创新流程、强化创新协同等，奠定在技术创新领域的领先优势。20世纪末期，随着华为销售规模的急剧扩张，

---

❶　资料来源：华为基本法。
❷　华为董事、战略研究院院长徐文伟2019年全球分析师大会讲话稿，创新领航，推动世界进步。

图 3-1　2011—2020 年华为研发费用与研发投入强度

产品开发过程中的质量和成本问题逐步凸显，1999 年，华为引入集成产品开发（integrated product development，IPD）管理模式，以基于流程的产品开发项目管理体系，提升研发效率。

华为 IPD 模式有三大核心特点。一是更加重视概念阶段和计划阶段，通过延长两大阶段的周期，进一步明晰产品定义，制定具体、可实施的技术方案，进而有效指导产品开发，缩短整体开发周期。二是强调端到端的管理，建立矩阵项目管理模式，产品开发项目团队成员由跨职能部门的人员组成，由项目经理统领产品研发工作，具有人员配置与考核权力，有效链接技术端与市场端，保障研发方向贴合市场需求。三是将研发项目分为产品预研、产品开发、技术预研与技术开发四大类，针对不同项目类型配置不同的团队与考核方案。例如，创新型预研的执行者为 2012 实验室，主导进行前瞻性研究，而各产品线的技术预研部门更贴近市场需求，主要负责执行优化改进型预研；在考核方式上，由于预研项目风险大，因此对进度、结果考核的权重要小一些，而开发项目进度、结果可以预知，对进度、质量、财务的考核权重相对较高。

（4）重视开放合作创新。进入智能时代，单打独斗已难以获得成功，华为以提升技术创新能力为目标，以强化创新资源整合为方向，设立 8 大国内研究机构、16 大全球研发中心和 28 个全球联合创新中心，逐步建立起全球创新网络。在合作模式上，华为通过软件开源、参与行业标准制定及技术合作等方式实现与行业合作伙伴的协同创新。一是以开源模式打造软件生态，与全球生态伙伴开展深层次协作，一起构建万物互联的智能世界。例如，华为将鸿蒙最核心的基础架构部分捐赠给开放原子基金会，生态企业可平等地借助鸿蒙基础代码推动自身产品创新，逐步建立起鸿蒙生态圈。二是积极融入创新行业，通过参与 AI、数据安全和保护、消费者、智能汽车等领域标准制定，加速新兴产业应用落地。三是与行业内企业进行广泛的专利交叉授权，通过专利许可谈判，与通信行业几乎所有主要的知识产权拥有者达成知识产权交叉许可协议，如爱立信、诺基亚、西门子等。

在创新 2.0 时代，华为更加强调与大学的合作，通过构建"支持大学研究、自建实验室、多路径技术投资"等创新方式，充分利用大学在前沿领域研发的优势，以应对前沿创新的高度不确定性。一是采用直接资金支持、基金支持等形式，资助科研人才基础理论与基础技术的探索。二是与大学合作建立联合的创新中心和实验室，从事基础技术的发明。三是与大学建立多方互赢的利益共享机制，将大学科研创新过程中的理论突破与关键基础技术进行商业化应用以获取收益，并将获得的收益反哺基础研究和理论创新活动，形成良性循环。

（5）重视人才积累与创新激励。作为一家高新技术企业，研发型人才占比高是华为员工结构的重要特征，2020 年，华为从事研究与开发的人员约10.5 万名，占公司总人数的 53.4%。因此，如何发挥技术型研发人才的创新潜力，提升公司整体创新水平，是华为人才战略的重要关注点。华为强调人力资本增值的目标优先于财务资本增值的目标，以追求创新的文化与公平的分配与激励机制，广泛吸纳高端人才。在文化层面，华为崇尚"狼性文化"，追求团结互助、集体奋斗、自强不息等精神，激发员工对市场变化的敏感度，同时培养员工围绕目标奋不顾身的进取精神。在物质层面，华为以高薪激励方式吸引优秀人才聚集，并通过实行员工持股计划，实现员工利益共享，建立起员工与企业间的伙伴式合作关系，极大提高了员工的归属感，在保证创始人对公司控制权的前提下，最大限度激发了员工创新活力。

3.1.2 法国电力集团——以高投入、多元化加速技术创新

法国电力集团（以下简称"法国电力"）是法国最大的国有电力企业，也是欧洲最大的能源公司和全球最大的核电运营企业。作为综合性能源企业，法国电力在核电、火电、水电和可再生能源发电方面具备较强的国际竞争力，拥有欧洲最大的电力生产体系，在法国、意大利和英国有稳定的市场，在欧洲、北美、中东、亚洲、非洲都有核能、热电、天然气及可再生能源业务。法国电力技术创新具有以下三个特点。

（1）重视构建创新平台和创新体系。

一是高度重视研发投入。2011—2019年，法国电力每年研发投入均超过5亿欧元，远高于《欧盟工业研发投资记分牌》发布的电力行业全球创新领先企业平均研发投入水平。2011—2019年，法国电力与电力行业全球领先企业平均研发投入对比见图3-2。

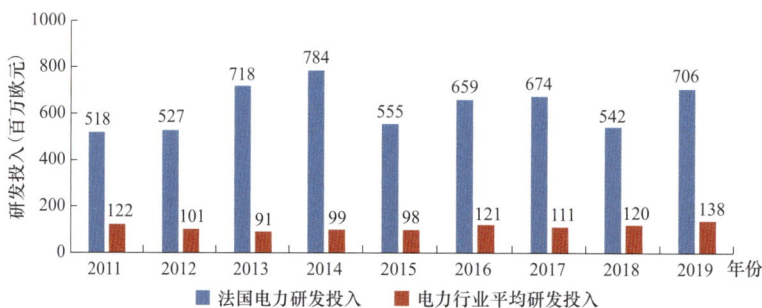

图3-2　2011—2019年法国电力与电力行业全球领先企业平均研发投入对比❶

二是通过深化产学研合作强化重要领域的基础性研究突破。法国电力制定了中长期技术研发战略（2030），聚焦智能电网、智慧用能及可再生能源三大战略领域，约2/3研发费用用于支撑集团各业务板块及下属机构发展，约1/3研发费用用于前瞻性和基础性技术的研究与开发。在法国、德国、英国、中国、美国、新加坡和意大利建立了9大研发中心，与学术机构、企业合作建立了20个联合实验室或研究院，英国研发中心偏重海上风电技术，

---

❶　数据来源：全球知名的《欧盟工业研发投资记分牌》历年榜单数据。

德国研发中心偏重氢能、区域能源研究，中国研发中心偏重火电与输配电技术。

三是重视与产业链企业开展长期战略性合作。例如，法国电力联合阿尔斯通、威立雅环境公司共同承担一项燃煤电厂碳捕获示范项目，获得法国政府资助。在电动汽车领域，与丰田汽车开展插电式混合动力汽车和充电基础设施运行的实验研究。

（2）重视研发与业务协同。为了确保研发的方向与企业战略的一致性，法国电力十分重视研发与业务的协同，根据自身业务板块，在研究院内部确定三大战略支柱：关注核电和可再生能源研究，巩固并发展有竞争力的低碳发电技术；围绕能源输配业务，加强智能电表与智能电网等领域研发创新，超前布局下一代电力系统；加强数字技术与储能等领域研发投入，为用户提供多样化的能源服务解决方案。同时，法国电力高度重视前沿技术的探索，以支撑前沿业务拓展。2020 年，法国电力总研发预算为 6.9 亿欧元，其中除了 70% 用于核电、水电、电网（输电与配电）、新能源、客户端数据化与大数据等公司核心业务的应用研究，还分配了 30% 用于探索性前沿科技的研究，为公司前沿性业务拓展构建基础。

（3）根据创新领域特点选择针对性的研发模式。法国电力已经形成庞大的业务体系，不同业务领域创新特点存在显著差异，为了提升创新的有效性，法国电力根据不同创新领域特点，形成针对性的研发模式。针对自身优势业务领域，主要以自主研发为主，结合共建实验室、人才交流与联合攻关等方式，开展技术攻关，以确保公司在能源领域长期保持自主可控的优势地位。针对海外业务，法国电力结合当地监管要求与业务发展需要，采取与当地龙头企业及顶级科研机构共同设立海外研发中心的方式，开展本土化及国际化的科研业务。针对数字化转型、智能电网与智慧家居等新兴领域，法国电力的自主研发实力相对薄弱，主要通过发起成立风险投资基金以及海外并购的形式，开展面向全球范围的风险投资，积极布局战略性新兴业务。

3.1.3　巴斯夫——基于业务发展导向的开放式创新

巴斯夫作为全球领先的大型跨国化工企业，经历150多年的发展演变，业务范围遍布欧洲、亚洲与南北美洲等地区，约70％的业务领域居全球领先地位。2021年巴斯夫位居世界500强企业第143位与世界500强品牌排行榜第261位。作为全球创新领先企业，巴斯夫在2020年《欧盟工业研发投资记分牌》中排名第69位，是最具创新实力的化工企业。在巴斯夫的发展过程中，技术创新发挥了重要作用，是巴斯夫不断推动产品升级，确保企业核心竞争力的重要手段。从2001—2020年巴斯夫业务结构看，高端化产品比重日益提升，反映了技术创新对巴斯夫发展的重要推动作用❶。此外，巴斯夫通过研发活动向市场推出的产品，在2020年创造了约100亿欧元的销售额。2001—2020年巴斯夫不同类型业务销售额占比变化情况见图3-3。

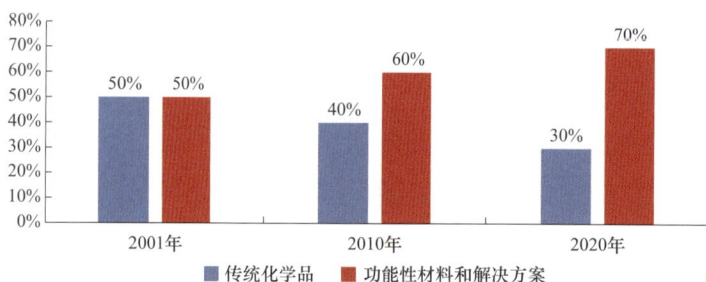

图3-3　2001—2020年巴斯夫不同类型业务销售额占比变化情况❷

为了支撑巴斯夫全球化的发展战略，以及适应创新全球化的发展趋势，巴斯夫建立了以自主创新为核心，以开放创新合作和全球资源整合为引领的技术创新模式。

（1）以自主创新能力引领开放创新合作。精益化工行业是技术密集型行

---

❶ 数据来源：巴斯夫公司公告，华创证券。注：销售额数据不含油气业务；直接面向客户的行业包含农业、建筑、消费品、医疗保健、电子电器、能源资源、交通行业等。

❷ 资料来源：巴斯夫公司年报，华创证券。注：直接面向客户的行业包括农业、建筑、消费品、医疗保健、电子电器、能源资源、交通行业；销售额不含油气业务。

业，构建自主核心创新能力是保持企业核心竞争力的关键。因此，巴斯夫长期重视自主创新能力的构建，早期通过成立实验室、研究站奠定内部研发基础，目前已拥有 1 万多名研发人员，每年研发投入超 20 亿欧元，具备能实现每秒 1.75 千亿次浮点运算的超级计算"Quriosity"，以改进研发能力，缩短产品由实验到上市的时间。在强大的软硬件资源与研发实力基础上，巴斯夫与大学、科研机构、企业和客户通过合作共享资源的方式，形成了开放式创新网络。同时，重视在创新合作中实现优势互补，如与美国 Lynx 公司合资在海德堡成立公司，以实现主产技术优势和主产装置的互补，并建立起强大的科研成果转化能力，形成与高校、科研机构的科技创新纽带，以保持长期合作关系。

（2）"全球化＋本地化"实现全球资源整合。巴斯夫依托全球业务版图的扩张，在北美洲、欧洲与亚太等高校资源集中的区域组建研究中心，整合区域内的创新资源。

一是通过共享研发资源和成果，与全球一流高校及科研机构建立稳定合作关系。巴斯夫在全球设立北美先进材料研究中心（NORA）、欧洲的先进材料与系统联合研究网络、（JONAS）与亚洲的先进材料开放研究网络（NAO）三大研究中心，并以此为核心，与全球 600 多所高校及科研机构和企业建立起开放式的全球合作网络。巴斯夫通过参与国内外项目、与本土知名大学建立合作实验室与研究中心、实施"学术合作伙伴计划"及设立博士后中心等方式合作开展基础研究，广泛链接各种学科领域的专业知识、新技术和人才。

二是拓展与本土企业的研发合作。通过成立合资公司与联合创新等方式，链接本土企业创新资源，实现优势互补。如与阿迪达斯、彪马、锐步、布鲁克斯及中国李宁合作开发全新的材料缓震科技；与美的合作，聚焦新技术、新材料和新工艺在智能家电领域的创新与应用。

三是推动创新网络向用户的延伸。巴斯夫依托大数据和互联网技术，于 2016 年推出 Maglis 网络农业平台，在为农业用户提供信息服务的同时，通过搜集、解读并监测相关数据，为产品创新提供数据支撑。巴斯夫的全球研发创新平台见图 3-4。

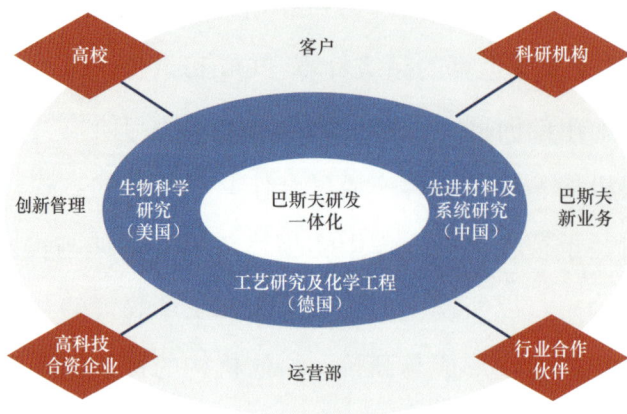

图 3-4 巴斯夫的全球研发创新平台

（3）强化内外部创新协同以保障开放式创新效果。为了加快创新成果转化，巴斯夫持续完善内外创新协同的机制。内部技术创新活动以总部 4 大专业技术平台为核心，汇聚了巴斯夫在优势领域的技术专家和资源，包括工艺研究与化学工程、生物与高效系统研究、先进材料与系统研究与植物科学等，并与上海先进材料及系统研究平台、美国北卡罗来纳州生物科学研究平台与德国路德维希港工艺研究及化学工程研究平台形成对应，推动巴斯夫相关领域在各地区的开放式创新发展。同时，根据创新程度确定创新方式，以控制研发投入规模与技术创新风险。在不确定性较大与风险较高的领域，巴斯夫通常交由外部合作伙伴完成，通过与高校、科研机构及企业合作开发，建立风险共担机制，广泛链接创新资源，推动颠覆式创新。

3.1.4 阿斯麦尔——创新漏斗管理与外部协同创新

荷兰阿斯麦尔公司成立于 1984 年，是全球最大的半导体设备制造商之一，向全球复杂集成电路生产企业提供领先的综合性关键设备。阿斯麦尔在芯片制造领域具有较强影响力，主流光刻机技术 DUV（深紫外线）的市场占有率达 89%，同时也凭借技术创新成为少数拥有 EUV（极紫外光刻）技术的供应商。

（1）建立技术创新漏斗的管理模式，提升前沿技术方向的把握能力。光刻机作为推动摩尔定律最关键的设备，技术复杂度高，迭代速度快。要求企业准确把握技术发展方向，提前进行技术布局，认构筑与保持自身的核心竞争力。

阿斯麦尔早期的成功源于对技术方向的准确把握，通过准确选定赛道实现弯道超车，奠定了在光刻机领域的领先地位。2002 年以前，光刻设备主要采取干式微影技术，其代表产品是龙头企业尼康的 157nm F2 激光和电子束投射（EPL）光刻机，该产品已经接近干式微影技术的极限。在此背景下，2003 年时任台积电研发副总、世界微影技术权威林本坚博士提出浸没式光刻技术，能够突破干式微影技术的极限。阿斯麦尔抓住这一机会，2003 年与台积电成功研发世界首台浸没式光刻设备，以成熟的 132nm 波长新技术超越了尼康成为市场的领导者。

阿斯麦尔早期的成功具有较大偶然性，作为新成立的企业，历史包袱较轻，相比于尼康更易通过技术方向的转变实现弯道超车。随着企业的快速发展，同时考虑到电子产业技术高速更新迭代的特性，阿斯麦尔逐步意识到企业需建立稳定的技术创新管理模式，强化对前沿技术的把握，进而保持自身的领先地位。

在此背景下，阿斯麦尔建立技术创新漏斗的管理模式，涵盖从创新想法的构思、筛选与研究，到创新产品的研发、集成与交付过程，并匹配相应的组织设计，把握技术创新方向。其中，前三个阶段以研究部门为核心，通过在更广阔的技术空间上建立广泛的知识网络，以构思新技术路线，寻找技术解决方案并验证其长期的可行性。在创新方案的筛选上，以推进产品创新和客户应用为原则，选择有潜力的创新方案进入开发阶段。在研究阶段成功通过"概念验证"的技术路线将被转移到开发与工程（D&E）部门，用于产品开发，生成新产品。阿斯麦尔创新漏斗管理模式见图 3-5。

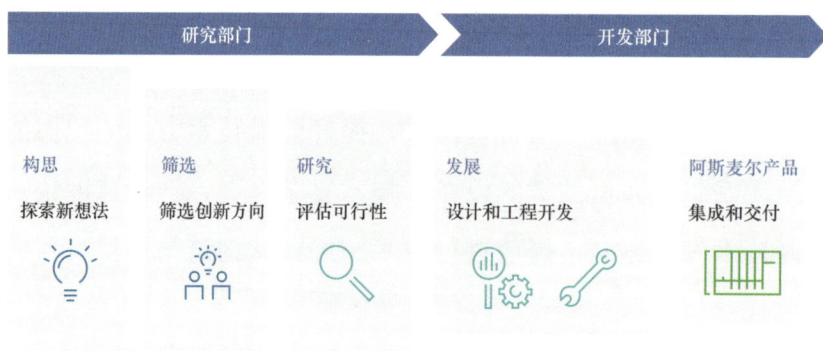

图 3-5　阿斯麦尔创新漏斗管理模式

（2）以利益共享机制建立广泛的创新合作，保障研发的资金供给。光刻机系统复杂，为了降低研发和生产成本，阿斯麦尔光刻机除控制软件外，超90%的零部件均来自外购。非核心环节外包的模式使阿斯麦尔得以集中资源专注于核心环节的研发，但也对创新集成提出了较高要求。因此，阿斯麦尔将自己视为建筑师和创新集成商，通过与上下游企业及高校科研院所等形成广泛的合作，建立围绕半导体技术的创新生态系统。

强调将客户与供应商纳入技术创新生态，提高技术的匹配性。阿斯麦尔通过高度外包的开放式创新，快速集成各领域最先进的技术，获取市场竞争优势。在"两家公司，一家企业"的原则指导下，阿斯麦尔通过合作研发的方式，实现技术优势互补，并以纵向一体化协同提高技术的匹配性，加速技术转化效率。

在利益共享机制设计上，阿斯麦尔将零部件供应商、客户与大学等学术机构作为研发合作伙伴，以提供优先供货权及低价出售设备等方式，换取资金、知识与技术。如阿斯麦尔于2012年提出"客户联合投资计划"，即接受客户的注资，并赋予公司股东优先订货权，共享创新成果。在计划激励下，英特尔、台积电、三星等芯片制造3大巨头纷纷为阿斯麦尔注入巨资，投资额合计53亿欧元，超过阿斯麦尔当年47.3亿欧元的净销售额。此外，在重大研发项目上，阿斯麦尔以股权为纽带绑定多方风险和收益，强化研发活动的资金保障。

3.2　企业商业模式创新趋势及案例研究

　　数字技术与实体经济深度融合，赋能传统产业转型升级，叠加消费升级下新需求的迭代，共同推动新产业新业态新模式不断涌现。同时，深化产业融合成为推动产业转型升级与培育产业竞争新优势的重要着力点，产业生态重要性日益凸显。在此背景下，企业更加注重通过数据资源整合与产业链整合，实现企业商业模式创新。

　　一是以数据资源整合推动商业模式创新。在数字技术的驱动下，消费者成为推动创新的核心力量，产业模式的变革围绕消费者需求的变化而展开，个性化、柔性化与服务化等新模式蓬勃兴起。一方面，推动制造端的数字化转型，通过对海量数据的获取与整合分析，优化工业企业生产过程，完善企业经营决策机制，提高生产的资源配置效率，已经成为企业商业模式创新的关键举措；另一方面，强化消费端的数字化赋能，强调以数字技术实现业务体系的有机整合，以软件服务的迭代升级赋能硬件终端，形成强大的用户聚合力和辐射力，推动企业的战略转型。

　　二是以产业链整合推动商业模式创新。以现有业务为基础，围绕主业向产业链上下游延伸，推动各个业务板块围绕产业链协同发展，构建起全产业链闭环，形成新的盈利模式。产业链整合路径主要有三大方向：通过纵向一体化，深化产业链各环节分工协作，强化产业链关键环节的把控力度，优化资源利用效率，降低产品成本的同时增加收入来源，从而提高企业整体盈利水平；通过横向一体化，聚焦重点赛道，以巩固企业市场地位、提升品牌影响力、增强产品定价的话语权，同时借助规模效应的发挥，进一步降低产品成本；通过产业生态平台的搭建孵化新的行业生态，强化业务间的协同互补，通过相互引流、资源共享，形成资源富集、多方参与、合作共赢、协同演进的价值网络。

3.2.1 特斯拉——基于生态打造与平台赋能的模式创新

特斯拉自 2003 年创立，凭借用能端、产能端与交易端的系统化布局，构建起"车＋桩＋光＋储＋荷＋智"的新能源产业生态闭环体系，实现以终端硬件为基础，以智慧化软件实现系统集成，软硬件相互融合的商业模式创新，成功从新能源汽车生产商向清洁能源提供商转型。特斯拉以技术、资本与数据为连接，通过生态打造与平台赋能，重塑能源产业的价值逻辑，推动企业商业模式创新，实现企业的快速发展。2020 年特斯拉市值突破 6000 亿美元，超越丰田成为全球市值最高车企，并超过埃克森美孚、荷兰皇家壳牌和英国石油三家国际能源巨头的市值总和。

（1）以资本为纽带，实现硬件产品与产业链的整合。特斯拉作为年轻的汽车品牌，其核心研发团队来自硅谷，诞生之初带有较强的科技属性，旨在将 IT 理念应用于新能源汽车的研发制造，实现产品升级与商业模式创新。该模式要求从整车制造、操作系统、自动驾驶到核心芯片的技术支撑，涉及大量跨界融合。特斯拉作为初创企业，不具备传统车企百年历史的技术积累，以"技术＋资本"的模式实现硬件产品的整合，是其构建竞争优势的重要手段。同时，业务全球化扩张对供应链稳定性与成本控制水平提出要求，特斯拉通过资本布局强化产业链垂直整合，以应对三电成本高与产能不足的问题。

硬件产品的协同整合。以"车＋桩"的布局在用能端实现率先突破，凭借电池技术、充电技术与产品设计等方面优势驱动混业经营，依托家用和商用两大系列产品布局和密集的充电网络建设，以产品下沉为路径扩大用户群体，为向家庭和商业能源管理等领域布局奠定基础。另外，向"光＋储"领域延伸布局，运用资本手段收购美国光伏面板制造及运营企业 SolarCity，与自有家用储能产品 Powerwall 进行整合改造，逐步建立起由清洁能源生产、储能到下游用能与充电设备的产品生态闭环。

产业链的垂直整合。特斯拉始终关注供应链主导权的把控，电芯与电机等核心零部件基本采用自主设计＋代工或合资形式，以控制产品质量，保障供应链的稳定性。同时，通过纵向垂直一体化增强供应链韧性，促进新能源产业链降本、提质与增效。

（2）用软件重新定义硬件，实现新能源生态体系的有机整合。在互联网和数字经济时代，依托软件扩充硬件功能、提供增值服务已成为行业发展大势，该模式已经在电视、手机等消费电子领域取得了重大成功。在智能化、联网化与个性化发展趋势下，特斯拉将消费电子的理念引入新能源领域，以软件重新定义硬件，构建"荷＋智"的新能源产业生态体系，推动新能源汽车、光储设备等机械终端向智能化、可持续性迭代升级的电子终端转变，实现商业模式创新。在电能生产和储存领域，特斯拉借助虚拟电厂智能平台 Autobidder，建立分布式能源设备间的数据交互和结算渠道，实现了"车＋桩＋光＋储＋荷＋智"生态系统整合。在电能使用领域，依托数字化开发能力，以 Autopilot 的更新迭代推动终端产品的升级，延长硬件产品的价值周期，并借助强大的用户聚合力和辐射力，构建起线上＋线下、汽车＋能源的服务闭环，打造良性的业务生态循环。特斯拉新能源生态闭环体系架构见图 3-6。

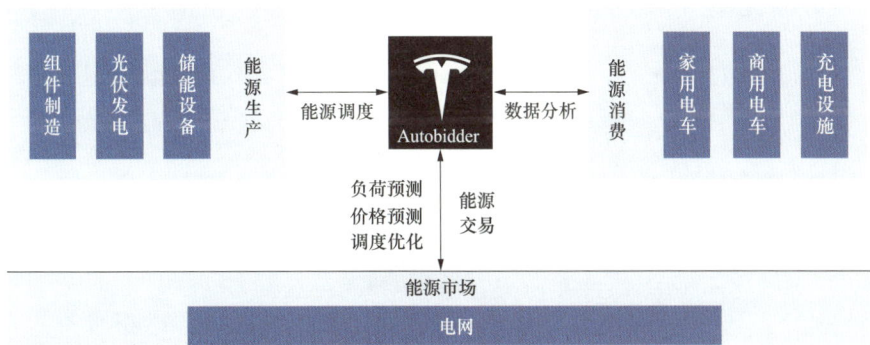

图 3-6　特斯拉新能源生态闭环体系架构❶

3.2.2　施耐德电气——通过数字化手段构建业务生态

施耐德电气创建于 1836 年，以钢铁制造业起家，在 20 世纪 80－90

---

❶　资料来源：桂原，吴建军，王文生. 依靠"车＋桩＋光＋储＋荷＋智"，特斯拉能否巩固地位，企业管理杂志，2021。

年代，逐步确立了以电气及自动化产品为经营重心的发展战略，如今已成为全球能效管理领域的领导者。施耐德抓住数字经济发展的机遇，依托 EcoStruxure™ 架构与平台优势，汇聚能源、自动化与软件等伙伴资源，实现设备连接、系统架构、应用场景的全面覆盖，以互联互通驱动业务价值，成功由产品提供者向整体解决方案提供者转变。

（1）外延并购拓展业务边界，构建一体化的发展模式。施耐德为巩固自身在配电设备领域的核心优势，同时抓住消费者不断增加的能效服务需求，从 2003 年开始大规模并购扩张，持续丰富产品线，为解决方案提出奠定产品基础。横向以低压电器作为基础，将整体配电设备作为业务核心，纵向以低压断路器作为基础，向中压配电与终端电器延伸，以配电设备业务为核心，拓展楼宇自动化及 IT、工业自动化及电网设备等相关应用领域。通过大幅扩展其产品组合的覆盖范围，施耐德成为了一家以配电产品为核心，业务覆盖整个电气行业的龙头企业，也为公司日后转型成为提供整套的能效解决方案和推出 EcoStruxure™ 工业云平台打下了坚实基础。施耐德电气业务领域拓展方向见图 3-7。

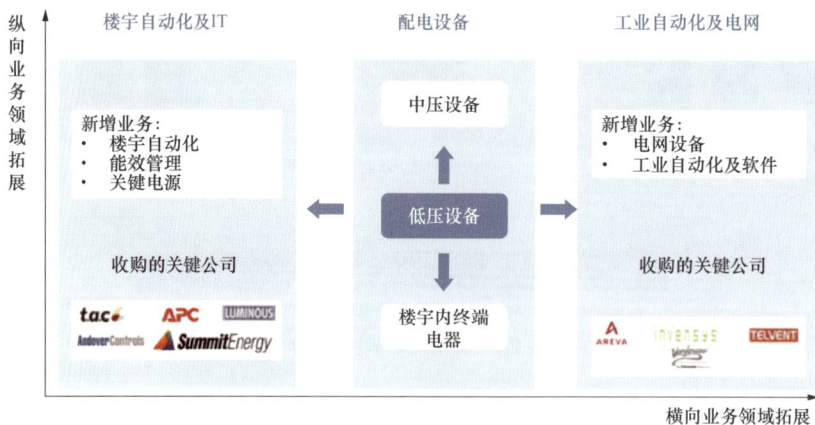

图 3-7　施耐德电气业务领域拓展方向

（2）借助数字化手段整合资源，推动企业向综合能源服务商转型。随着产品体系日益丰富，服务网络不断扩大，不同行业客户差异化服务需求日益增多，施耐德原有业务管理流程与服务方式受到巨大挑战。为此，自 2016

年开始，施耐德依托硬件端的数据资源优势，推出 EcoStruxure™ 平台，通过数字化转型，加速产品体系、服务网络与业务资源的整合，进一步加强其在全球能效管理领域的竞争优势。

一是发挥硬件产品优势，联合众多系统集成商，以电力基础设施端的互联互通为基础，实时监测环境与设备运行状态，高速、精确捕捉终端配电系统海量分散的能耗数据，监控客户整体的生产能耗动态。二是借助边缘控制层，通过信息集成与数据运算等，帮助客户对产品进行智能化分析，实现对能源使用现状和性能问题的深入洞察。三是发挥数据资源优势，借助开放平台与设计院、成套厂集成商与开发者社区等展开协作，共同为用户提供全生命周期、高附加值的数字化顾问服务。施耐德 EcoStruxure™ 平台见图 3-8。

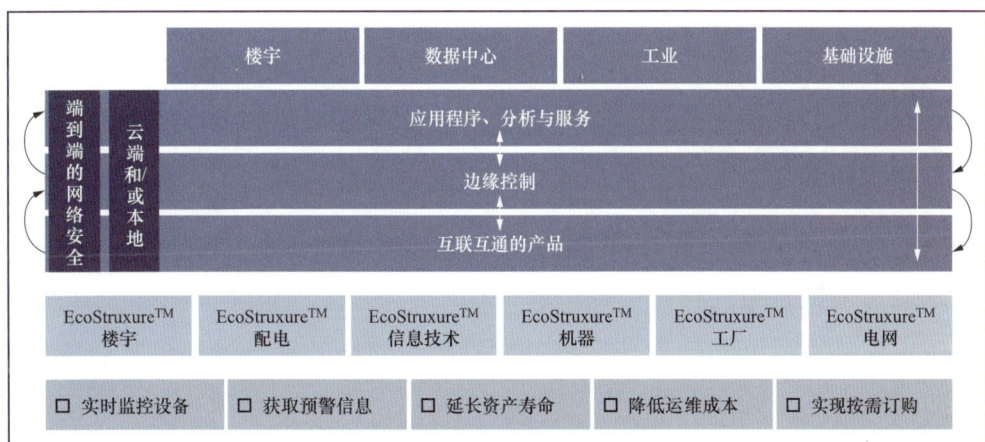

图 3-8　施耐德 EcoStruxure™ 平台❶

3.2.3　德国意昂——依托能源网络优势打造一体化业务体系

德国意昂是德国第一大能源企业，成立之初以电力、化工和石油为主营业务，兼营贸易、运输和服务业务。进入 2010 年后，为了适应欧洲新能源发展战略的要求，意昂逐步剥离传统能源业务，通过对原有电网和天然气网的整合与信息化改造，构建起集中式与分布式结合的综合能源网络，并大力

❶　图片来源：施耐德电气，2019 年全球数字化转型收益报告。

发展能源解决方案业务，逐步形成"可再生能源＋能源互联网＋能源解决方案"的业务体系。2020年意昂在标普全球普氏"全球250强能源公司排行榜"中位列第91位。

在向综合能源服务企业转型过程中，意昂的储能业务与能源网络、综合能源服务方案和可再生能源三大核心业务结合，形成一体化的发展模式，成为三大核心业务的重要组成部分。意昂储能业务采取了与其核心业务融合发展的思路，强调以技术创新、管理创新推动业务商业模式创新，实现三类创新的有效协同。

（1）积极推动储能业务与其他核心业务协同发展。意昂通过把储能业务整合到其能源网络和综合能源方案等核心业务中，实现客户、技术、人才、重要合作伙伴等关键资源的共享，为储能业务发展创造了空间。储能业务与其他核心业务结合，有效提升了能源网络和综合能源方案等业务的竞争力，为这些业务的创新提供支撑。意昂认为随着能源数字化和分布式能源的快速发展，能源网络与能源服务正加速融合，这也是意昂将这两大业务整合在一个公司主体中的主要原因❶，而储能业务的发展和储能系统的使用能够为两大业务融合提供有力支持。

（2）充分发挥电网的平台优势。意昂能源网络的平台优势是其储能业务发展的核心资源，利用其能源网络优势，意昂可以探索和创新能源社区、用户分布式储能资源集中使用、电力设备容量套利、通过SEG进行富余容量入网电费返还等商业模式创新。

（3）加快推动数字化和智能化转型。数字化是意昂转型的关键举措之一，意昂依托能源网络的平台优势，通过智能化配电站建设和传感器的使用，收集电力资产数据，形成能源数据中心平台，以此为基础开展能源服务创新和储能业务发展。例如，意昂通过搭建数字化交易平台，利用智能电网调度和储能系统，提供电力设备容量价格套利的业务。

（4）重视企业创新能力构建。随着能源系统日益复杂，新技术和新商业

---

❶ 资料来源：意昂2019年年报。

模式不断应用到能源系统中，为了适应能源世界的发展趋势，意昂不断完善自身的创新体系。2020 年意昂采取了一种 360°的创新机制，把意昂的内部创新与外部合作进行整合，进一步强化了与其他领域的全球领先企业、创业团队、高校和研究机构的合作，并逐步构建起面向全球的创新网络，为其业务发展和企业创新提供支撑。

3.2.4　中国平安——聚焦优势产业领域进行垂直多元化

中国平安保险（集团）股份有限公司（以下简称"平安集团"）作为中国三大综合金融集团之一，2021 年位列《财富》全球 500 强第 16 位。平安集团经历三个发展时期：创立之初专注保险业务；2003 年为降低单业务运作风险、满足客户的新需要，平安开始第一次多元化转型；2012 年面对技术发展带来的机遇、互联网企业的挑战以及客户线上服务的需求，平安进行第二次多元化转型。平安集团业务发展历程见图 3-9。

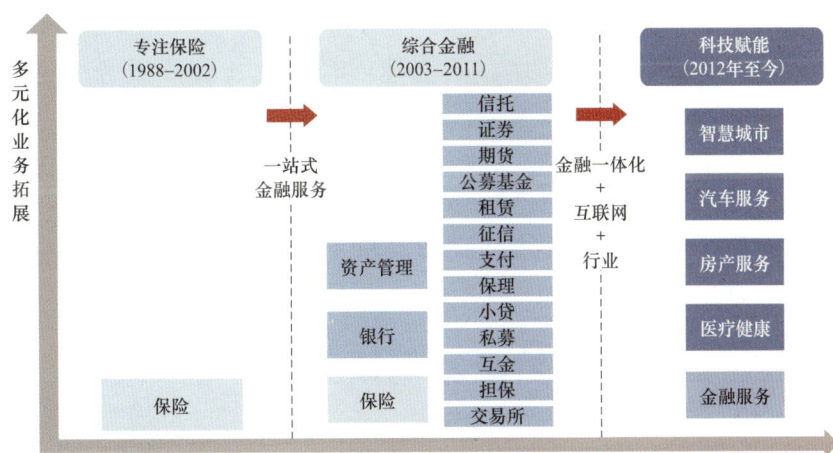

图 3-9　平安集团业务发展历程

平安集团多元化业务布局遵循"聚焦大赛道、贴近用户端、重视资源共享"三大逻辑主线。

（1）聚焦大赛道。平安集团作为大型综合金融集团，最初布局的保险、银行、资产管理业务皆属于超大规模的行业领域，为保证多元化之后各业务

61

体量相当、协同发展，以及满足集团规模扩张的需要，平安集团优先选择进入市场规模较大的行业，比如，平安集团后期布局的智慧城市、汽车服务、房产服务、医疗健康等业务皆是万亿级产业领域。

（2）贴近用户端。平安集团布局的金融服务、医疗健康与汽车服务等业务都属于竞争性领域，上述领域具有市场敏感度高及高度重视客户需求把握的特点。因此，平安集团在新业务选择上，关注贴近用户日常生活的银行、医疗与汽车等行业，以创造机会大幅提升平安的用户数量，实现向平安其他业务引流。例如，平安集团通过不断扩充金融业务版图向全业务金融牌照发展，通过"一个客户、多个产品、一站式服务"的模式，满足不同层次客户投资需求，提升在金融业的竞争力和风险抵御能力。

（3）重视内部资源共享。在建立了庞大的业务体系之后，为了进一步发挥业务的协同效应，提升集体整体效益，加强内部资源共享成为必然选择。业务布局上，平安集团重点关注新投资业务与已有业务在产品、客户与渠道等资源的协同发展。经营管理上，平安集团通过全面数字化变革，实现"经营管理智慧化、流程运营数据化、渠道建设精细化、客户服务个性化"。资源共享上，平安集团借助数字化平台，深挖客户资源，以统一的品牌为客户提供多元化金融服务，通过交叉销售的方式，推动渠道、品牌、客户、后台运营系统等资源在不同业务板块间高效共享。

3.3　企业管理创新趋势及案例研究

创新本质上是一个通过不断试错寻找更优解决方案的过程，需要良好的创新文化氛围和灵活的组织结构，为创新创造良好环境，同时要求企业建立完善的激励机制，充分激发员工创新能动性。为了应对日益激烈的市场竞争，企业越来越重视文化、组织与机制等方面的管理创新，以不断提升企业竞争力。

一是重视鼓励创新与包容创新的文化建设。为了激发企业创新活力，企业内部需要建立起一套崇尚创新、鼓励探索与支持冒险的创新文化。例如，谷歌采取目标管理工具 OKR（Objectives and Key Results，目标与关键成果法），通过制定目标和其对应的关键结果来引导员工关注自己的工作完成情况，在明确员工目标的基础上，给予员工极大的自由空间，有效平衡创新激励与管理约束二者之间的矛盾，构建起鼓励创新、包容创新的企业文化，极大激发员工的创造力与创新力。

二是重视开放赋能的敏捷型组织构建。企业技术创新过程涉及企业内部研发部门、生产制造与营销等部门以及外部的政府、高校、科研院所、产业链上下游供应商及顾客等单位与个人，需要各参与主体紧密配合、协调工作。同时，随着技术创新成本增加，创新风险提高，技术创新活动复杂性与系统性增强，跨组织、跨地区的创新活动越来越频繁。为了满足创新组织的新趋势，要求企业建立更加灵活与包容的敏捷组织体系，为加快企业技术创新、提升产品与服务交付能力提供组织支撑。

三是重视科技创新人才评价与激励机制完善。随着创新竞争日益激烈，企业对高层次创新人才需求越来越大，为了吸引高素质人才，企业需强化人才的评价与激励机制，激发人才的创新积极性。一方面要改变过去"唯学历、唯职称、唯奖项、唯论文"的评价倾向，建立以创新能力、质量、实效与贡献为导向的科技人才评价体系。另一方面建立物质与精神激励相结合的激励模式，持续加大正向激励力度，重视创新人才的物质需求、职能需求和精神需要，满足员工的多层次需求。

3.3.1　谷歌——基于目标与关键成果法（OKR）的管理创新

根据《2020 年欧盟工业企业研发投入记分牌》数据，谷歌的母公司ALPHABET 以 231.6 亿欧元研发投入，位居全球最具创新力企业第一位。谷歌处在快速发展且竞争激烈的互联网行业，为了应对激烈的行业竞争，创造性应用了目标与关键成果法（OKR）考核方式，有效平衡创新激励与管理约束二者之间的矛盾，为创新文化营造良好的条件，充分激发了企业创新活力。

（1）建立上下统一的目标体系。绩效管理的核心是在管理者与员工就目标和实现路径达成共识的基础上，通过激励和帮助员工取得优异绩效从而实现组织目标，目标体系决定了组织绩效的价值导向和员工奋斗的方向。因此，目标体系的设计至关重要。OKR 强调团队成员之间的合作和参与，通过建立透明的目标管理体系，将团队成员的个人目标与团队及公司的总目标联系起来，明确交叉和相互依赖的部分，并与其他团队进行协调。谷歌的业务是项目主导制，以项目团队为核心单位，通过"自上而下＋自下而上"的方式建立起"企业－团队－个人"三级对齐的 OKR 体系。谷歌 OKR 制定流程见图 3-10。

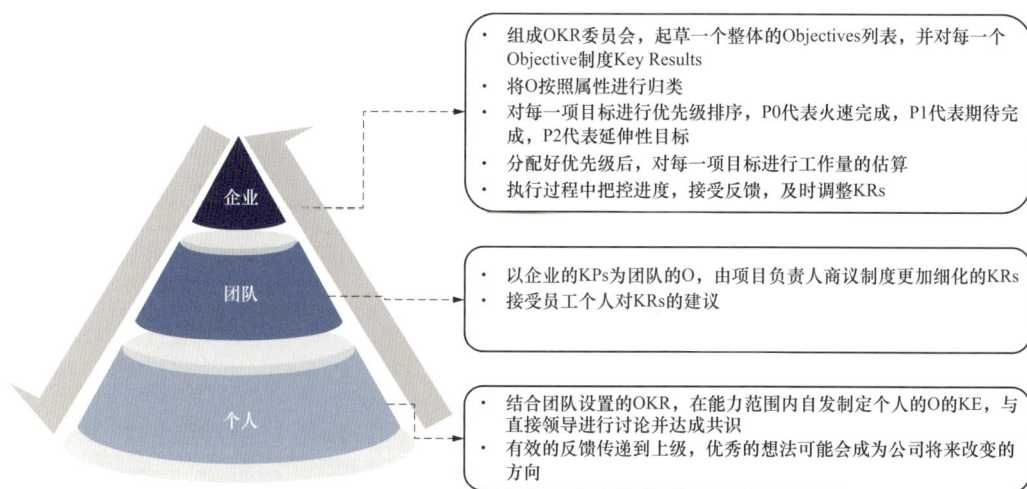

图 3-10　谷歌 OKR 制定流程

（2）重视长短目标的协同。长期目标能帮助企业及员工把握大的发展趋势和方向，强调指引性与前瞻性。为保障目标的落地执行，需要对长期目标进行细化分解，形成短期可达成的具体目标。长短期目标设计时，需要关注目标的协调一致。OKR 更加注重长期目标的实现，鼓励员工在制定目标时尽量"向前看"，聚焦工作重点。谷歌以季度为单位实施 OKR，以月度为节点进行过程跟进，全程保持从上至下 OKR 的公开透明。谷歌 OKR 运行周期（以年度第一个季度为例）见图 3-11。

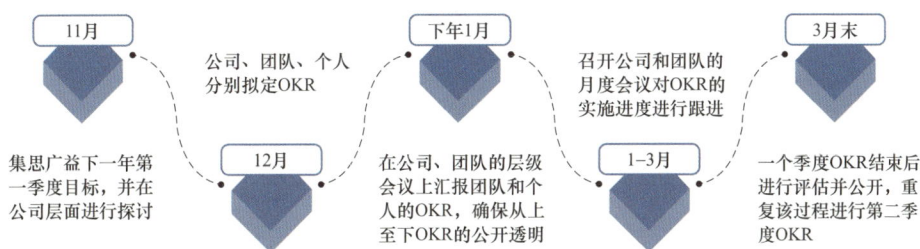

图 3-11　谷歌 OKR 运行周期（以年度第一个季度为例）

（3）定期评估工作成效。为保证长期目标设计的合理性，需要定期对工作成效进行评估，及时发现目标执行过程中存在的偏差与不足，并根据考核结果对目标实施工作进行调整与完善。谷歌通过定期评估来保证关键结果（KRs）始终服务于目标（O），以此实现目标管理。谷歌在每一个 OKR 周期结束时，都会对 OKR 的完成情况进行复盘和打分，由员工自评、团队评估和公司整体评价三个层级组成。一是针对未完成目标，深入分析找出差距，制定下期目标改进方案，二是针对长期目标，根据工作进展对关键结果进行更新调整。谷歌 OKR 打分原则见图 3-12。

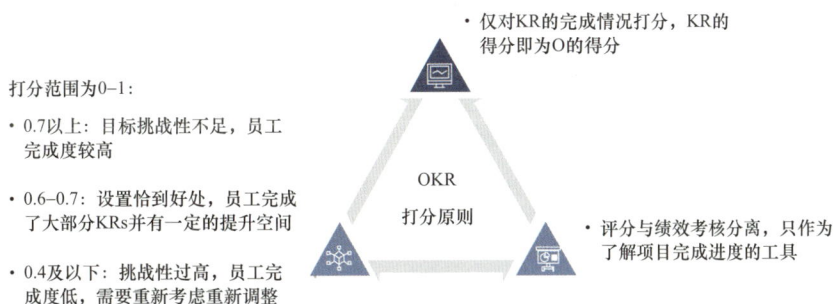

图 3-12　谷歌 OKR 打分原则

（4）建立立体的考核体系。谷歌的管理者将 OKR 作为一种纯粹的战略性效率工具，保留其激励员工勇于挑战的特质，为避免与薪酬绩效直接挂钩带来的行为扭曲，OKR 的评估结果不与绩效直接挂钩，但会作为绩效评估的一种参考，结合 KPI、BSC 与 360°评价等其他考核方法完成绩效考核，以此实现员工的自我控制。谷歌的绩效考评频率为半年一次，包含员工自评、同事反馈、上级评估、绩效校准与绩效面谈五个方面，通过"OKR+360°评价"的方式实现员工的自我价值驱动。谷歌 OKR 半年度绩效评价框架见图 3 - 13。

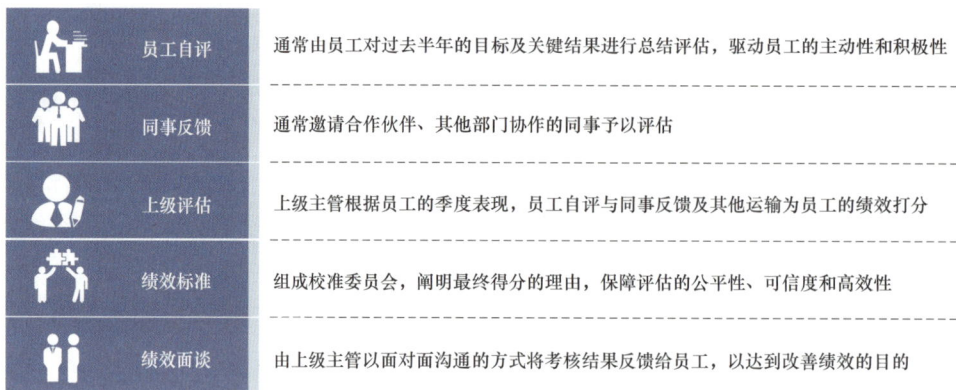

图 3 - 13　谷歌 OKR 半年度绩效评价框架

3.3.2　中化——构建"创新三角"管理体系

中国中化集团有限公司（以下简称"中化"）是国务院国资委监管的国有重要骨干企业，30 次上榜《财富》全球 500 强榜单，2020 年名列第 109 位，并连续两年被《财富》评为"全球最受赞赏公司"。中化集团在 2018 年 4 月正式提出"科学至上"的核心价值理念，宣布将采用创新三角和企业管理创新动力系统，力争用 5—10 年全面转型为科学技术驱动的创新平台公司❶。中化集团"创新三角"理论见图 3 - 14。

（1）打造充满活力与高效务实的创新主体。人才是第一资源，科技创新离不开一支高水平人才队伍，中化集团高度重视人才在创新中的关键作用。为此，中化打造了"总部＋事业部"的创新管理架构。集团总部设立首席科学家，负责设计集团整体创新规划方案，把控各事业部创新方向与节奏。各事业部通过设立专职首席技术官（Chief Technology Officer，CTO），组建专业技术团队，围绕集团总体战略与技术创新要求，选择自身技术创新方向与方式，落实科学技术创新任务。

---

❶　参考资料：中化集团，科学至上——In Science We Trust 关于中化集团全面转型为科学技术驱动的创新平台公司的报告。

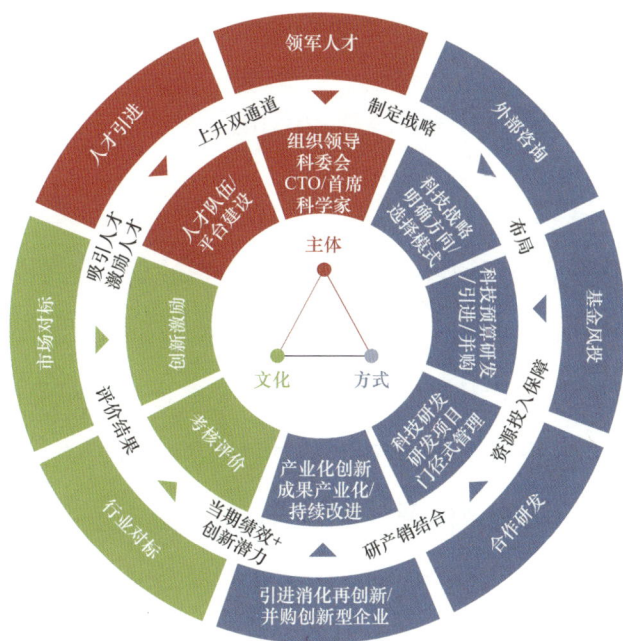

图 3-14　中化集团"创新三角"理论

（2）推行四位一体、开放合作的创新方式。创新不是孤立存在的，涉及产品、技术、商业模式与管理等多个维度，同时各个维度之间具有极高的协同联动关系。因此，中化强调从产品组合创新、科技创新与商业模式创新、管理创新四大方向全面发力，提升集团综合创新实力。其中，科技创新是创新关键，商业模式创新是创新重点，管理创新是体制机制保障，产品组合创新是目的。同时，为加快创新速度，提高创新资源整合能力，中化在强化内生式创新能力的基础上，针对自身研究较薄弱的环节与业务，通过合作开发、技术购买与投资并购等方式，大力推进开放式创新，补齐创新短板。

（3）塑造全员创新、宽容失败的创新文化。良好的创新文化环境对创新具有重要的激励作用，创新的长期性、高风险性需要企业积极营造鼓励与支持创新的良好氛围。中化明确提出建立支持创新、追求创新、崇尚创新，并包容失误的企业文化。第一，通过完善企业评价体系，在评价考核体系中，增加战略目标、经营效率和竞争能力等长期要素，引导企业重视中短期盈利与长期发展目标的融合。第二，完善长效激励机制，在遵守现有规则的条件下，根据行业特点与员工性质，使用价值创造性的激励政策，如技术股份、跟投入股、利润分享、pre-IPO 和期权激励等方式。

3.3.3 海尔——组织结构创新与激励机制创新

海尔自 2012 年以来，为了适应智能化和信息化的发展趋势，前瞻性推动管理模式创新，加快企业发展速度。在"人单合一"的双赢模式推动下，海尔营业收入与净利润加速增长，2012—2019 年复合增长率分别达 13.4% 与 12.0%。

（1）建立倒三角的组织架构。为支撑"人单合一"双赢模式，在组织结构上，海尔颠覆传统的以企业和权力为中心的科层组织，以用户为中心，建立三类三级自主经营体构成的倒三角组织，并逐步向节点闭环的网状型组织转变，实现平台化转型。其中，倒三角组织更加强调对客户需求的捕捉与内部资源的协调支持，一级经营体由一线员工组织，以解决用户需求为核心；二级经营体以实现内部资源的协同优化为核心，为一级经营体提供资源支持与专业服务；三级经营主体作为战略经营体，通过外抓机会、内抓机制，对集团资源进行统筹协调。在倒三角组织基础上，平台组织生态更强调对外部资源的进一步整合，运用用户付薪理念，协调已有资源，吸引外部资源进行合作，并升级演化出小微企业和按单聚散的利共体，构成多形态的开放式生态管理系统。海尔倒三角下经营体及驱动关系见图 3-15。

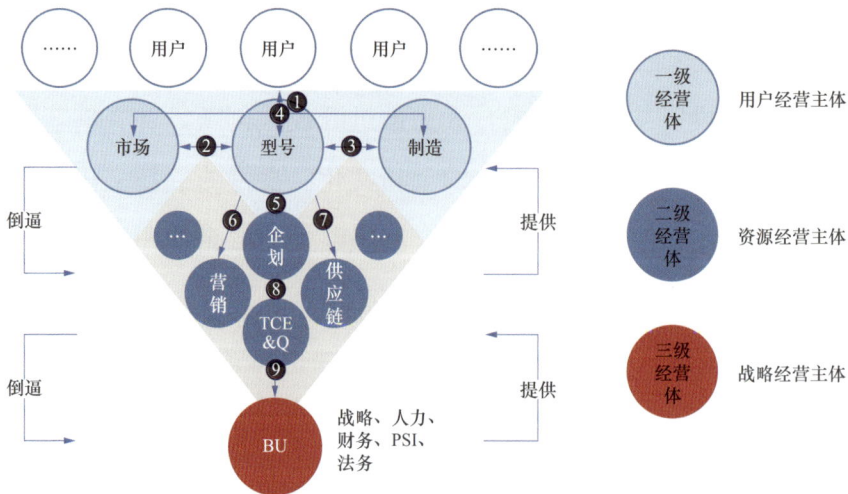

图 3-15　海尔倒三角下经营体及驱动关系

（2）平台化推动资源整合。为了适应制造业与互联网融合的发展趋势，强化内外部创新资源整合，海尔实行"平台企业"的扁平化管理，去掉中间管理层，成立众多小微企业，形成多层次平台嵌套管理模式。平台最底层是集团平台，包括高阶专业平台、专业管理平台和共享平台等，为全集团的小微个体提供基础的资源服务。在此基础上为青岛海尔（690 领域）和海尔电器（1196 领域）两个上市平台，在两个平台上面是三自驱动平台、功能平台和行业平台，而在这三类平台之上就是各种小微和小小微。海尔这种"企业平台＋小微企业"的平台生态型管理模式，将制造业传统线性的组织管理模式，转变为网络化的管理模式，强调自组织、开放与共享等互联网要素。海尔多层次平台嵌套管理模式见图 3-16。

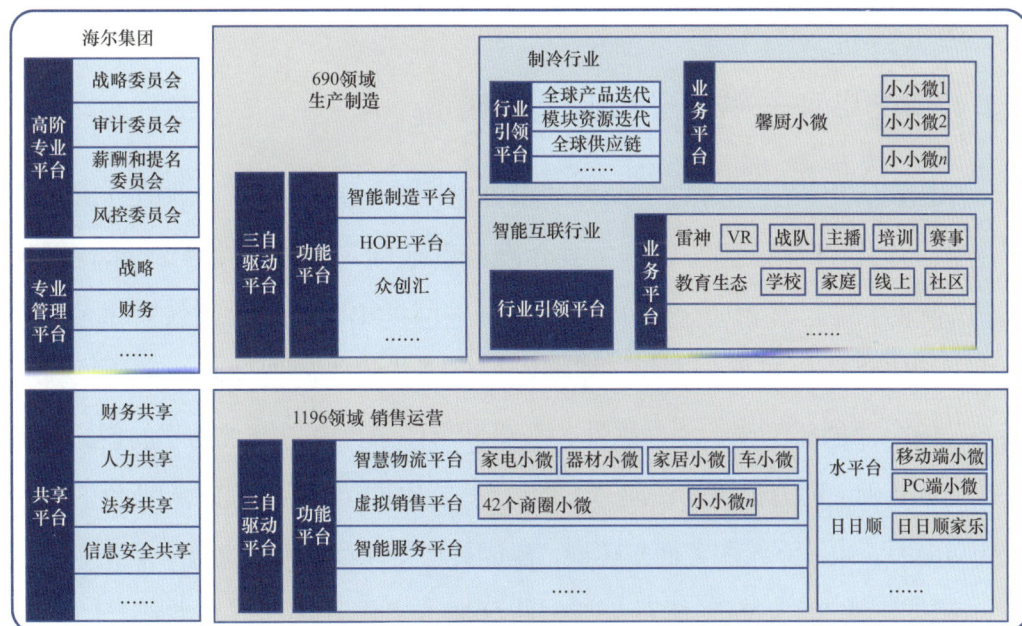

图 3-16　海尔多层次平台嵌套管理模式❶

海尔多层次平台嵌套管理模式以用户导向为出发点，以资源的高效组织协调为方向，通过将每个员工和自己的用户结合，探索人单合一双赢模式，

❶　资料来源：王凤彬，王骁鹏，张驰. 超模块平台组织结构与客制化创业支持. 管理世界，2019（2）：121-200。

即基于员工充分授权、自主管理的战略思维，让员工在为用户创造价值的过程中实现自身价值。基于人人都是创业者的管理理念，海尔将8万员工划分为2000多个自主经营体，以契约为纽带实现价值与资源协同。

（3）建立"三权""三自"的创新激励制度。为适应外部变化与竞争，海尔通过实施小微"三权""三自"，构建富有弹性和自主适应性的网状组织。海尔针对每个小微企业分配"三权"，即决策权、用人权和分配权，形成自组织、自创业与自驱动的"三自"发展模式，驱动利益相关方创造利益、共创共享。对内，海尔为员工提供创业平台，生成众多小微企业以满足用户的个性化需求，并通过引入风投机制，以投资驱动小微企业。对外，与各利益相关方建立利益共同体，让研发、生产、制造与营销等企业价值链各个环节实现社会化，推动海尔向平台型企业转型。

3.3.4 南方电网——构建"大创新"体系

中国南方电网公司（以下简称"南方电网"）是中央管理的国有重要骨干企业，连续14年获国务院国资委年度经营业绩考核A级，2021年在世界500强企业中排名第91位。2019年，南方电网提出建设"大创新"体系，大力推动"以科技创新为关键，管理创新为保障，服务创新与商业模式创新为核心"的全面创新工作，为前瞻性、战略性与体系性打造开放共享的创新生态系统奠定基础，助力公司加快向"三商"（智能电网运营商、能源产业价值链整合商与能源、生态系统服务商）转型，建成具有全球竞争力的世界一流企业。

南方电网"大创新"体系包括创新目标、工作方针、创新类别、创新主体和创新机制五个模块。按照"战略引领、价值创造，求真务实、以人为本、自主可控、开放合作"的方针，以科研体制机制创新和科研专业队伍建设为抓手，以科技创新、管理创新、服务创新和商业模式创新统筹加强为核心，推动南方电网"十四五"高质量发展，助力公司建设具有全球竞争力世界一流企业。南方电网"大创新"体系见图3-17。

南方电网"大创新"体系核心是落实"统筹资源、优化布局、创新机

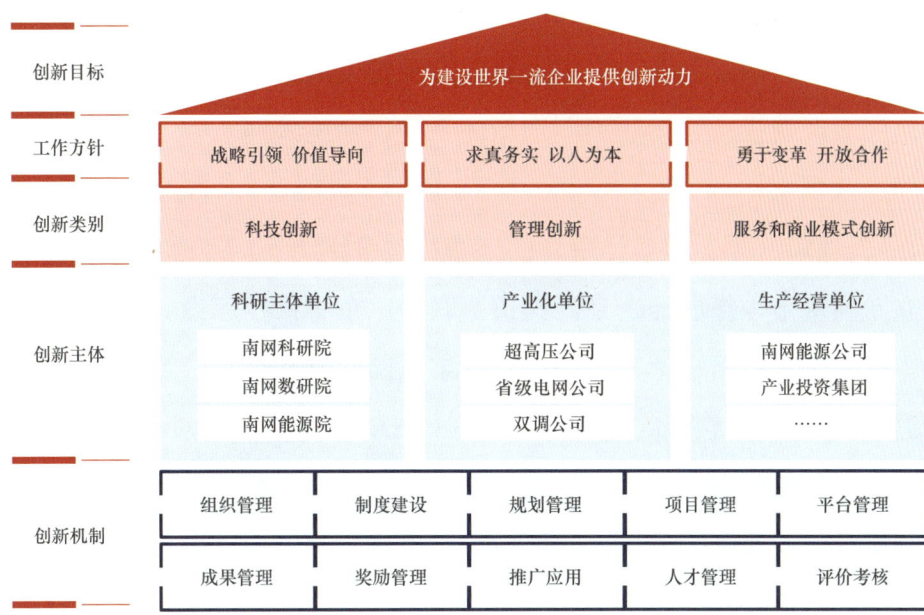

図 3-17　南方电网"大创新"体系

制"三大任务。通过强化资源统筹，提高创新投入水平；通过优化要素、产业链、创新链布局，培育发展新动能；通过创新项目管理与协同创新机制，激发创新活力，提高要素资源配置使用效率。

（1）统筹人、财、物三种资源。高水平的创新人才与团队是打造创新能力的关键，充盈持续的创新资源投入是推动持续创新的保障，完善的高端基础设施环境是夯实自主创新能力的基础。因此，南网高度重视创新人才、科研经费、创新平台三大资源的统筹发展。

1）统筹创新人才。通过实施"三打破一扶持一加强"，促进人才队伍建设，激发人才创新活力。利用双创平台实施社区化管理，加强人才交流，打破专业壁垒。打造管理、技术与技能"三个通道"，打破职业天花板。赋予项目挂帅的负责人和联合实验室主任全网人才借调建议权，打破行政边界，加强公司内部人才的流动与共享。完善扶持激励与离岗创业等政策，加大对创新人才的激励支持。制定《南方电网公司创新活动违规行为处理办法》，加强学风建设，创造良好创新文化氛围。

2）统筹科研经费。完善科研经费管理，强化经费保障，提高经费使用

71

效率。一是统筹不同领域经费投入，10％面向行业前沿，80％面向生产经营一线，10％面向职工创新，集中力量攻克制约发展的关键核心技术。二是统筹不同层级经费投入，按照不同创新体系定位，统筹网、省、地科研经费使用，网级（国家、省重配套项目、公司重点科技项目）、省级（公司一般科技项目）、地市（职工创新经费）的经费比例分别为70％、20％与10％。三是设立专项基金，拓展经费来源渠道。联合广东省科技厅设立海上风电联合基金，联合国家自然科学基金委设立数字电网联合基金。

3）统筹创新平台。一是统筹建设16个联合实验室及2个国家级平台，夯实自主可控的研发基础。二是聚焦重点科研方向，按照整体布局、自上而下与分层分级的原则，建设网省地市三级科技创新平台，充分发挥网级科研院和省级中试所作用。三是在南方电网公司内部遴选重点培育实验室，以"出重大成果、树领军人才、实现产业价值"为目标，集中资源投入，创新平台运行机制，强化平台独立性、开放性、共享性及对产业链发展的支撑性。

（2）优化要素、产业链与创新链布局。南方电网以客户的需求为导向，加强引领和支撑公司转型升级的基础性与前瞻性研究，积极布局战略性新兴业务领域的创新。一是优化创新要素布局。围绕交直流串并联复杂大电网规划与运行、高压直流、智能输变电、智能配用电等八大领域，统筹成立八大技术领域团队，推动以技术人员为主的科技创新，实现支撑与引领。二是优化创新链和产业链布局。以满足需求为导向，以体制机制为保障，通过创新活动将相关的创新参与主体连接起来，实现知识经济化和创新系统优化。重点通过加强知识产权保护、推进产业基础高级化与完善科技成果激励机制等方式，畅通"创新需求—科研—成果产业化"的创新活动过程，基于需求开展技术攻关和产品开发，推动研发成果商业化或将其应用于生产经营当中，从而实现整个链条的闭环。南方电网公司科技成果转化链条见图3-18。

（3）推进科研体制机制创新。过去，南方电网引导直属科研机构重点关注创新的考核机制不健全，导致其缺乏创新动力，研究力量较为薄弱，缺少

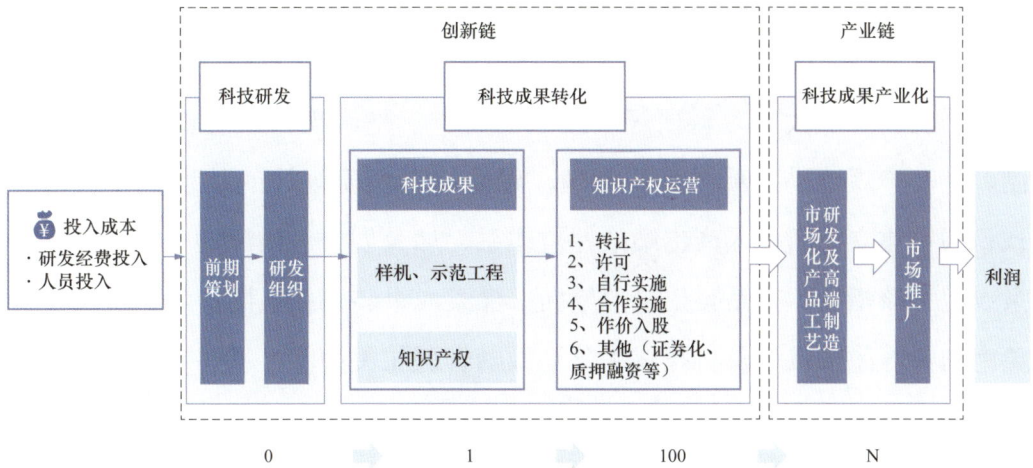

图 3-18　南方电网公司科技成果转化链条

引领和支撑公司发展战略的基础性与前瞻性项目。同时，内部协同机制不健全，已有知识与技能在公司间的流转不顺畅，不同单位间存在信息壁垒，使得重复科研与成果转化的现象时有发生，造成创新资源浪费。对此，南方电网进一步推进科研体制机制创新，强化关键核心技术攻关，提高创新资源配置效率。

1）创新科研体制。一是把党的建设贯穿创新工作全过程，强化国家战略科技力量。二是优化创新体系中各层级定位，构建网省地分工协作的创新体系。三是聚焦战略，强化各专业部门协同创新，其中，创新管理部负责研究需求、优化项目、统筹资源配置、完善制度和做好服务，各部门分别负责本业务领域创新工作。四是加强联合创新，统筹资源重点建设 16 个公司联合实验室，并遴选培育国家级创新平台，建立"开放、流动、联合、竞争"的联合实验室运行机制，建立公司重大科研团队管理及运作机制，优化科研团队及平台管理。五是通过完善专家委工作机制、设立联合基金、加快创新基础设施建设等方式，加强开放协作，推动产学研用深度融合。

2）创新科研机制。一是实行"揭榜挂帅"等制度，形成科研项目组织新模式，运用揭榜制凝聚全社会创新力量，解决行业前沿及公司生产经营紧迫技术难题，运用挂帅制充分释放科技人才创新活力，攻克电网关键核心技术；二是提高科研经费使用效益，按照网、省、地职责分工，加大科研经费统筹管理力度，优化科技项目经费投入结构，鼓励南网科研院、南网数研院与南网能源院加大自筹科研经费投入力度；三是改革科研合作单位遴选机制，进一步规范科技项目外委管理，建立符合科研规律的技术服务采购方式；四是建立创新投入产出绩效评价体系，加大创新考核评价力度，一企一策设定考核指标；五是突出价值导向，探索成果转化新机制；六是通过完善离岗创业等激励机制及科技成果分红激励管理相关制度，进一步健全创新激励和保障机制；七是建立宽容失败的容错机制与求真务实的科研诚信机制。

3.4 小结与展望

随着产业技术快速发展，新技术新业态新模式不断涌现，对企业技术创新、商业模式创新和管理创新提出越来越高的要求。为了应对创新的新发展趋势，全球领先企业根据自身发展基础和所处行业特点，积极探索符合自身发展特色的创新路径。

（1）技术创新方面，在全球技术竞争日益激烈、创新复杂度和系统性不断提高的趋势下，领先企业坚持自主创新能力构建，通过高强度的研发投入保持技术优势，并积极采取开放式创新模式，广泛链接大学、科研机构、企业，在创新合作中实现优势互补，提高研发速度与效率。

（2）商业模式创新方面，资源整合已经成为领先企业商业模式创新的主要方向。一方面通过数据资源整合实现产业资源整合，另一方面基于产业链整构建产业生态，以形成系统性发展优势。

（3）管理创新方面，领先企业重点从文化、组织架构和制度三大方面推动企业管理创新，通过构建包容创新的企业文化，为企业创新创造良好环境；通过建设灵活敏捷的组织结构，提升员工创新自主权，加快创新过程；通过完善创新制度和机制，为创新提供充足保障。

第 4 章

中国企业创新发展挑战与方向

当今世界正经历百年未有之大变局，全球产业版图和创新格局深刻变革，中国企业的创新环境正发生深刻变化。当前中国企业在创新方面存在核心技术攻关能力不强、研发投入力度不足、科技成果转化能力不高和创新人才短缺等问题，制约了企业创新能力进一步提升。国有企业作为实施国家重大科技创新部署的骨干力量，需要通过精准加大研发投入，完善企业创新服务体系，培育高水平人才队伍，加强产业共性关键技术研发，更好跨越成果转化"死亡谷"，培育现代产业链"链长"，迈向产业价值链高端。

4.1 中国企业面临的创新环境

随着全球产业竞争日益激烈，我国经济进入高质量发展阶段，加速创新发展，推动经济转型，成为当前中国经济发展的重要议题，中国企业面临的创新环境正发生深刻变化。

4.1.1 全球产业格局深度调整，要求企业提升自主创新能力

（1）全球产业升级加速，要求企业以创新构筑核心竞争力。全球范围内制造业的数字化、网络化与智能化转型加速，技术创新日益成为产业链供应链的竞争焦点，过去单纯依赖要素投入、规模扩张和投资驱动获取竞争优势的发展模式不可持续，要求企业强化创新能力，增强核心环节技术的自主可控能力，构建持久稳固核心竞争力。

（2）我国产业地位提升，要求转变创新发展模式。随着我国产业链分工向高端环节演进，通过引进、吸收方式获得核心技术的难度将逐步提升，尤其以美国为首的西方国家，为了保持其在国际产业分工上的主导地位，将持续加强对我国的技术封锁和产业压制，对我国企业发展形成巨大挑战。同时，新冠肺炎疫情背景下，全球产业链供应链的区域化与多元化调整趋势加速，对我国产业发展提出挑战，要求企业提升自主创新能力，强化产业链关键环节的技术自主可控水平。

4.1.2　高水平供需双向倒逼，要求企业加快多元创新

（1）高质量发展要求企业以创新优化供给结构。国内经济加速换挡背景下，现阶段经济运行主要矛盾仍在供给侧，强调以高质量供给引领和创造新需求，推动国内经济发展，畅通国内大循环，促进国内国际双循环。企业作为重要的微观市场主体，是供给结构优化的核心力量，需建立创新发展能力，强化关键核心技术突破，催生新发展动能。

（2）消费升级要求企业以创新构筑市场竞争力。经济发展推动国内收入水平提升，2013—2020 年，国内居民可支配收入增长了近一倍，由 18 311 元提升至 32 189 元。收入增长引发国内消费升级，过去单纯以功能为导向的产品和服务供给已无法满足消费者对多元化、个性化和高品质的需求，需要企业不断开展创新，以经营观念创新、业务布局创新、商业模式创新与技术创新等谋求突破，不断满足人民对美好生活的向往。

4.1.3　技术创新复杂性提升，要求企业升级创新模式

（1）技术的复杂性要求企业以全球视野构建开放式创新网络关系。新科技产业革命下，产业边界逐渐模糊，技术创新的复杂性逐步提升，传统封闭、独立、线性化的研发与创新组织形式已难以满足技术创新的发展要求。创新活动的系统性、复杂性与不确定性特征要求企业通过突破组织边界重塑自身的技术创造力，适应新技术、新业态与新产品的企业组织变革与模式创新成为必然。

（2）开放式创新将引发新一轮组织变革与模式创新。开放式创新背景下，跨组织、跨区域的创新活动要求更加灵活与更加包容的组织与制度体系作为支撑。企业的管理模式从单纯的内部资源管理，向促进内外部信息、能力和资源的有机交流转变，更加关注组织的灵活性、创新激励与创新文化体系建设。

4.1.4　碳达峰碳中和战略推进，要求企业加大绿色创新

（1）落实碳达峰碳中和目标是企业技术创新的重要方向。落实碳达峰碳

中和目标既是我国融入全球治理和展示大国担当的必然选择，也是以碳达峰碳中和目标倒逼能源结构调整，改善生态环境，实现可持续发展的重要抓手。碳达峰碳中和的机理主要是通过调整能源结构和提高资源利用效率等方式减少二氧化碳排放，并通过碳的捕集、利用与封存（CCUS）、生物能源等技术以及造林/再造林等方式增加二氧化碳吸收。为实现碳达峰碳中和目标，需要企业加快绿色低碳领域的技术创新、产品创新和商业模式创新。

（2）实现碳达峰碳中和，能源是主战场，电力是主力军。能源企业是碳排放的重要主体，也是推动绿色技术发展的重要力量。为实现碳达峰碳中和目标，能源企业需要坚持走绿色发展道路，通过加强技术创新和改造、提升管理能力和优化生产布局等方式，提高能源使用效率，降低碳排放量。而电力企业需要主动适应电力电网向能源互联网转型以及低碳发展两大趋势，推进能源生产和消费革命，着力构建清洁低碳与安全高效的能源体系。一方面推动源网荷储各环节数智化，形成整体、高效、科学与互动的智能系统，实现电力系统运行、企业运营与客户服务各环节关键信息的全息感知、透明共享和智慧决策；另一方面加强电力市场化体制机制建设，将碳达峰碳中和目标融入现有评价考核机制，充分发挥电力系统各环节与各参与主体的主动性和创造性，为构建新型电力系统营造良好的政策、制度和市场环境，助力碳达峰碳中和目标实现。

4.2 中国企业创新存在的问题

本节借鉴 GII 国家创新评价指标体系的七大维度❶，结合企业创新特点，凝练评价指标在企业创新层面的内涵，以此为视角分析中国企业创新存在的问题。近年来，国内企业创新主体地位日益强化，研发投入规模实现了跨越式增长，占全球比重不断攀升，科技领域创新成果不断突破，高层次人才引

---

❶ 分别为制度、人力资本和研究、基础设施、市场成熟度、商业成熟度、知识和技术产出、创意产出。

进力度持续加大，管理创新不断加强，企业数字化转型持续推进。但与发达国家相比，中国企业在制度、人才、基础研究等领域的创新短板依然明显。在制度创新方面，科研成果转化机制仍有待完善；在人才和创新投入方面，企业人才队伍构建仍需强化，尖端创新人才仍然缺乏；在基础研究方面，企业基础研究能力仍然不足，科研基础设施相对薄弱；在知识和技术产出方面，原创性、引领性科技攻关仍需加强。

4.2.1　科研成果转化机制有待完善

（1）知识产权保护与应用有待完善。我国知识产权制度建立比较晚，法律法规和各项制度尚不完善，造成侵权成本低、维权成本高、知识产权保护政策落地难等一系列问题，严重抑制了知识产权保护对企业创新的激励作用。同时，我国知识产权交易市场存在定价机制不健全、交易市场建设滞后、交易信息不对称、交易成本高等问题，极大地影响了企业创新的积极性，并阻碍了科技成果转化。

（2）科技成果转化服务体系相对薄弱。我国以政府和高校为主导，设立了众多转化平台，但当前普及度仍较低，且由于市场化水平不高、合作与协调机制缺乏、转化体系支持力度不高，大部分存在服务效率低下、部门间相对割裂等问题，尚未发挥出资源链接与优化配置的作用。社会化服务机构数量不足、质量不高，普遍存在规模较小、专业化程度有限、竞争力不足等问题，在促成技术交易、科技投融资等方面的作用较弱。

4.2.2　企业人力资本理念仍需强化

（1）人力资本投入不足，尖端人才缺乏。通过对我国上市企业进行研究分析，企业更舍得研发投入，而不舍得人力资本的投入，尚未充分认识到通过人力资本的结构调整，来增强研发投入的有效性和创新产出的经济性，对人力资本投入的重视还远远不够。国内企业普遍存在经营管理人才、科技领军人才、高层次国际化人才缺乏的问题，掌握关键领域核心技术的人才稀缺成为制约企业创新的重要短板。以集成电路为例，《中国集成电路产业人才白皮书》显示，到2022年，国内芯片人才缺口将达到25万，设计、验证、制造和封装四大环节皆存在明显人才缺口。

（2）人才创新激励机制有待健全。近年来，我国围绕科研创新激励出台了系列政策，如2020年科技部等9部门印发《赋予科研人员职务科技成果所有权或长期使用权试点实施方案》强化科研人员创新激励，2021年新《专利法》鼓励给予职务发明创造的发明人多元的奖酬机制，立法导向明确。但在实践中，部分激励政策仍停留在试点阶段，落地实施指引较弱，且以企业为主体的市场激励不足，对企业科研人员激励手段相对较为单一，人才创新激励效果有限。在企业层面，尤其是国有企业受任期制、岗位轮换等影响，领导者决策行为容易出现短期化，不愿意进行长周期的研发投资；在个人层面，科研管理机制与激励机制仍有待全面落实，且考核多采用指标量化方式，对科研的过程贡献以及累积性效应的考量较少，一定程度上也减弱了科研人员从事基础研究的积极性。

4.2.3 企业基础研究能力有待提升

（1）企业基础研究投入不足。2019年企业R&D支出达到16 921.8亿元，占全国R&D总量的76.4%，虽然投入规模巨大，但绝大部分都用于产品开发（占比高达96.4%），投入到基础研究领域的经费只有50.8亿元，只占我国企业基础研发经费投入的4.0%，远低于高等学校（722.2亿元）和政府科研机构（510.3亿元）的投入规模。2019年企业R&D经费内部支出见图4-1。

（2）基础研究平台的支撑不足。我国科技资源主要集中在高校和科研院所，企业内部研究机构以企业实验室和工程技术中心为主，更关注技术的应用开发，尚缺乏解决核心技术问题的能力。同时，由于国内产学研合作机制尚不完善，合作效率不高，实验室设备、检测和分析仪器、试验平台等科技资源的共享和互补性不足，而企业自身难以承担高昂的自建基础研究平台成本，加之技术引进战略形成的路径依赖，造成企业基础研究水平不高，基础研究动力不足。

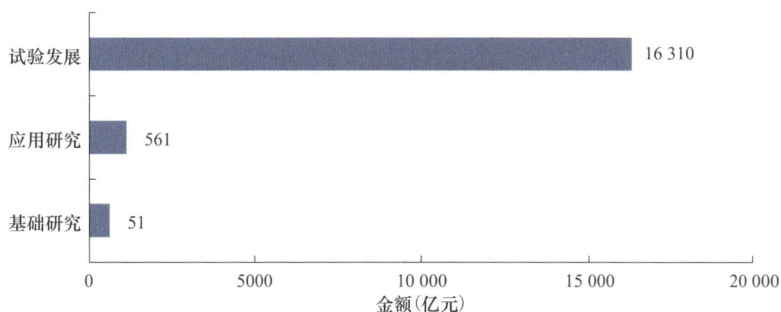

图 4-1　2019 年企业 R&D 经费内部支出❶

4.2.4　原创性、颠覆性的重大科技成果产出不足

我国企业的核心技术对外依存度较高❷。中国产业目前仍存在大量"卡脖子"技术，如工业机器人减速器、伺服电机、集成电路芯片等关键环节，企业对外国的依赖度较高。其中，集成电路在 2020 年进口额高达3509 亿美元，且贸易逆差规模呈扩大趋势。在西方国家加强对中国技术封锁的态势下，中国企业为巩固产业链供应链，需要加强核心技术攻关，强化核心零部件的自主研究能力。2010—2020 年中国集成电路对外贸易规模见图 4-2。

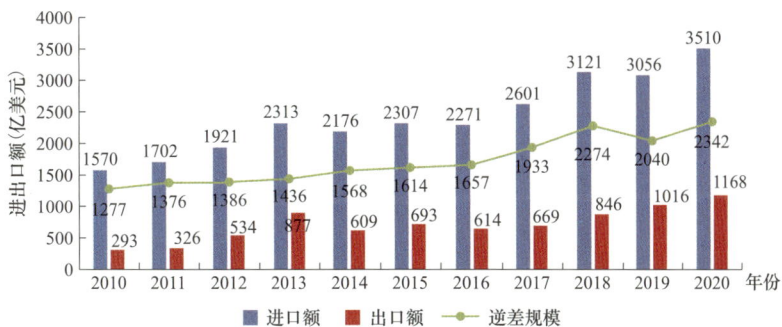

图 4-2　2010—2020 年中国集成电路对外贸易规模❸

---

❶　数据来源：《中国科技统计年鉴 2020》。
❷　数据来源：中国国家外汇管理局，美国国家统计局。
❸　数据来源：中国海关总署。

4.2.5 企业研发投入仍需进一步加大

（1）研发投入强度与发达国家企业存在差距。据欧盟发布的《欧盟工业企业研发投入记分牌》数据显示，2008－2019年中国企业研发投入年均复合增长率高达40％。但中国企业研发投入强度普遍偏低，2019年达到3.3％，相较于2016年2.8％的水平有显著提升，但仍远低于全球4.3％的平均水平，且不及瑞士企业研发投入强度的一半（7.2％）。2019年全球代表性国家企业研发投入强度见图4-3。

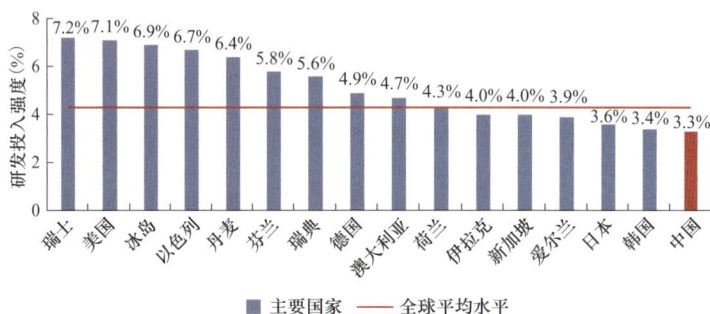

图4-3 2019年全球代表性国家企业研发投入强度

（2）国有企业研发投入强度有待提升。根据《欧盟工业企业研发投入记分牌》数据，2020年，上榜国企研发投入强度远低于民企，其中民企的研发投入强度为6.1％，已逼近发达国家水平，而国企研发强度仅为1.8％，尚有较大提升空间。2020年中国国有创新领先企业与民营创新领先企业研发投入强度见图4-4。

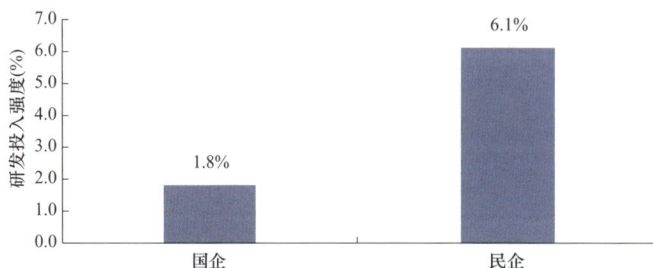

图4-4 2020年中国国有创新领先企业与民营创新领先企业研发投入强度

4.3　国有企业创新发展路径

国有企业一直以来在我国创新中发挥了重要作用，但由于创新的市场化程度不够，科技创新激励机制不健全，高端研发人才缺乏等原因，其创新能力仍有待进一步提升。为了发挥国有企业创新的排头兵作用，推动我国构建创新型国家，国有企业需要从加大企业研发投入、加强产业共性基础技术研发、完善企业创新服务体系、培养高水平创新人才、加快绿色创新步伐等方面完善创新能力。

4.3.1　精准加大企业研发投入

（1）完善创新研发投入机制。加快落实设立独立核算、免于保值增值考核以及容错纠错的研发准备金制度。通过建立持续稳定增长的创新投入长效机制与自主创新资金专项制度等方式，确保国有企业研发投入强度的稳步提升。建立强有力的科技创新资源统筹协调机制和决策高效、响应快速的扁平化管理机制，保障创新资源投入，实现创新活动的有序推进。

（2）丰富研发投入资金来源。国有企业应在自有资金投入基础上，寻求政府资金支持；探索建立多元化、多形式与多层次的技术创新投入机制，以专项基金等方式，广泛吸收来自政府补贴、银行和风险投资等多渠道资金，为自主创新提供更为丰富的资金渠道；借助金融工具，发挥多层次资本市场的直接融资作用，探索围绕创新的信贷产品体系建设。

（3）强调创新投入的考核机制。建立基于研发投入产出效率的研发投入评价机制，将研发投入强度、年度新增有效发明专利、成果转化收益、创新平台和高新技术企业数量及数字化转型等工作推进情况纳入年度和任期绩效考核范畴，提高自主创新在企业负责人业绩考核中的权重，树立激励企业精准加大研发投入、提升创新高质量产出的导向。

4.3.2 加强共性关键技术研发

（1）积极承接国家产业创新中心建设。通过与高校联合开展项目合作、共建研发中心/实验室等形式，充分利用产学研合作推动创新企业创新。一是大型国有企业可依托国家重大工程与重点项目，积极开展产学研联合攻关，实现关键技术领域的突破。二是具备条件的国有企业可通过共建联合研发中心与博士后工作站，以共同出资或技术入股组建公司等方式，围绕企业与市场需求，发挥高校的技术基础和人才优势，打通"技术－产品－商业化运营"全链条。

（2）牵头组建行业共性技术研究院。依托创新人才、资金、产业平台与应用场景等方面的优势，国有企业可联合行业上下游力量，牵头组建行业共性技术研究院，集中最优秀的人才与最优质的资源，围绕行业和企业创新短板，聚焦具有决定性、枢纽性、通用性与前瞻性的重大关键技术进行联合研发，突破核心关键技术"卡脖子"问题。同时，带动产业链上中下游及大中小企业融通创新，为各类创新主体的技术研发和市场应用提供条件和载体，加快新技术与新产品应用推广。

（3）打造适应各种研发需要的创新联合体。央企与大型国企可依托自身的行业影响力，以开放式平台建设，发挥创新主导作用。一是以"互联网＋平台"模式，搭建创新研发社群，通过资源开放共享和系统集成促进与产业链上中下游企业主体的创新协作，打造创新生态体系。二是设立开放创新中心，通过技术成果外部开发的方式分散企业创新风险，吸纳外部优秀人才、投资资金、创新信息与科研机构等资源，并在创新中心内部引入外部风险投资机制，从天使投资人的角度，成为创业者早期的投资人，加速创新过程和商业化过程。

4.3.3 完善企业创新服务体系

（1）建立完善创新转化机制。一是通过建立成果转化收益分享机制、创新项目跟投机制等，赋予科研人员在成果转化中更大的自主权。二是联合发达国家与地区的高校、科研院所、行业协会与科技巨头等共建企业技术研发中心、实验室及产学研联合平台等，推动科技成果转移转化。三是以国有资本投资、运营公司为抓手，组建产业基金群，构建"基础研发＋技术攻关＋成果转化＋科技金融"发展模式，探索发展知识产权质押融资、科技保险等科技金融产品，强化金融服务能力。

（2）打造创新综合服务体系。首先，以促进要素集聚为核心，依托产业园区、创业苗圃、孵化器等产业基础设施，聚焦企业在研发、量产、市场推广等环节存在的核心痛点，建立起围绕市场创新的需求库。其次，整合国有企业下属研究中心、技术中心与中试平台等创新成果，对接高等院校、科研单位、生产力促进中心与科技评估中心等创新主体，汇聚知识产权、创新资本与创新人才等资源。最后，通过提供支持知识产权对接、人力资本服务、会展服务及国际交流服务等，有效推动区域创新资源供需对接，加速科技成果转化，优化区域创新水平。

（3）加强科技成果转化资本运作。一是与国内外知名投资机构及市场中的优质投资管理机构合作，建立覆盖企业发展全生命周期的基金服务体系，孵化战略性新兴产业和城市支柱产业。二是以产业链整体强健为目标，建立投资搜索引擎，选择投资标的，同时强化企业内部孵化力度，鼓励企业开展内部项目孵化管理机制、激励机制与利益分享机制的改革探索。三是提升产业集团资本运营水平，利用资本市场，通过投资控股与股权置换等方式，积极开展上市公司并购，完善企业在战略性新兴产业领域的业务布局。

4.3.4　培养高端创新人才队伍

（1）大力提升人力资本水平。未来推动我国企业转型升级和创新发展，既要鼓励企业继续加大研发投入，同时也要促进企业转变观念，引导企业加强对人力资本的投入。为此，有必要持续加大人力资本投入，联合高校开展专业人才培养工作，培育具有国际水平的战略科技人才、科技领军人才和创新团队。建立符合高端人才成长规律的人才培养与孵化机制，打造素质优良、富有创新能力的高层次专业技术人才队伍。完善市场化的人才选聘机制，全面加强领军人才、高层次人才、复合型人才、核心骨干和技能人才队伍引进。

（2）赋予科研带头人更多权利。在科研单位试点设置首席科学家，负责组织制定创新规划、重大技术和产品研发及创新资源分配等工作，对重要科技研发投入拥有一票否决权。赋予科研带头人在项目范围内的资源调配权、技术路线决定权、项目团队成员评价权，降低专利申请量、授权量与论文数量等内容的考核权重，加大成果转化绩效、关键技术突破与重大标准制定等权重。

（3）落实更多正向激励措施。建立市场化薪酬分配机制与畅通的人才发展渠道，鼓励支持知识、技术及管理等生产要素有效参与分配，探索研发成果评估作价入股与重大科技奖励入股，推动核心团队在新设公司任职，并以中长期利益捆绑实现成果价值持续转化。设立人才发展基金，对引进的相关人才及科研人员给予一定的经费支持和补助。建立容错机制，形成鼓励大胆探索、激励创新的良好环境。强化科技创新考核引导，建立灵活、量化的指标体系评价创新成果贡献度。

4.3.5　加快绿色技术创新步伐

（1）加快新能源技术创新，促进能源供给和消费清洁化。加快新能源技术突破，聚焦太阳能和氢能等重点领域，加强相关领域核心技术突破，推动国内的能源转型。加强新能源与储能集成应用研究，推动大规模储能技术的突破和商业化应用，以加强新能源消纳。加强输配电技术创新和智能电网建设，关注特高压输电、大电网运行控制、新能源并网与智能电网等领域的技术攻关，提升电力输配效率。强化能源使用管理技术创新，通过智慧能源系统建设等，实现分布式新能源就地消纳，提升终端能源利用效率。

（2）加快推进工业、建筑与交通等高能耗行业绿色技术创新。一是推进工业领域加强碳捕集、利用与封存技术（CCUS）、生物能源与碳捕集和储存技术（BECCS）以及循环利用技术创新与应用，提高资源使用效率，减少碳排放；二是推动建筑企业进行绿色改造，通过发展新型建筑材料、改进施工方式与流程等减少建筑行业碳排放；三是聚焦"电动化、网联化、智能化"三大重大方向，以融合创新为重点，突破关键核心技术，推动我国新能源汽车产业高质量可持续发展。

（3）利用碳交易机制完善机遇，推动产业链上下游商业模式创新。把握碳交易市场启动机遇，向生产制造企业提供节能管理、技术改造设备与咨询服务，向主管部门提供碳排放额度量化测试，以市场化手段推动绿色发展战略落实。加强绿色金融服务创新，通过绿色信贷、绿色税收支持各行业新兴技术发展，助力各行业实现碳中和。

4.4　小结与展望

在中美摩擦日益加剧、国内发展模式逐步转型、市场经济体制不断完善的背景下，创新愈发成为企业应对激烈的全球市场竞争、保持自身核心竞争力、实现可持续发展的关键。国内创新面临投入不够精准、体制机制不健全、创新人才缺乏和创新协作机制不完善等问题，很大程度上限制了企业创新质量。

面对国内外创新环境变化，为破解国内企业创新问题，国有企业应发挥引领作用，以自主创新为基础，以开放式创新合作为重要方式，以创新生态构建赋能区域发展。首先，在企业内部需强化自主创新能力建设，通过完善自主创新顶层规划、提高创新研发投入、推进制度与组织变革，以提高创新能力和转化效率，激发内部创新动力，加快构筑创新科研实力。其次，通过开放式创新加速企业发展，发挥国有企业的社会影响力，通过组建企业技术联盟、深化产学研合作、搭建开放式创新平台与技术引进等方式，聚合创新资源以加速企业创新发展。最后，充分发挥国有企业在区域创新生态发展中的引领作用，通过强化创新基础设施建设、促进要素集聚与引导资金投入等方式，赋能区域经济创新发展。

附录 报告数据选择依据与来源说明

（1）全球代表性创新榜单分析。全球代表性创新榜单按研究维度可分为国家、区域与企业三个层面。其中，国家层面创新榜单以世界知识产权组织发布的《全球创新指数（GII）》、欧盟委员会发布的《欧洲创新记分牌》以及彭博社编制的《彭博创新指数》等为代表，旨在通过创新指标体系构建，衡量全球主要经济体的创新能力表现，进而对全球创新格局及其变化趋势进行研判。区域层面代表性的创新榜单包括全球知名调查机构 Startup Genome 发布的《全球创业生态系统报告》、美国 Milken 研究所的《美国各州的科学技术指数》以及 GII 报告对全球创新集群的研究，评价指标体系更加关注创新生态环境的构建与科技集群的演化。企业层面的创新榜单包括欧盟委员会发布的《欧盟工业企业研发投入记分牌》、科睿唯安（Clarivate）发布的《全球创新百强》、波士顿咨询公司（BCG）发布的《全球最具创新力企业 50 强》、普华永道思略特发布的《全球创新 1000 强报告》与南方电网发布的《南网科技创新指数》等，落脚企业创新行为，以追踪全球创新的前沿动态。

（2）创新榜单筛选原则。全球各大创新榜单围绕不同评价主体，基于数据的可获得性与评价体系的合理性，从不同视角构建评价的方法体系。根据榜单的延续性、覆盖的范围、数据的权威性及与研究主题的契合度等原则，本报告对创新榜单进行综合评估与筛选。

榜单的延续性是把握创新格局发展态势的基础。创新体系与创新能力的构建是长期创新实践与积累的结果，在短期内具有一定的稳定性，较长时间的历史数据对把握创新演变趋势具有重大意义。本报告以创新格局的动态演变趋势作为重要分析视角，以把握全球创新格局、区域科技集群演变与企业在全球创新体系的地位，要求评价指标体系在较长一段时间的稳定性与评价结果在时间上的延续性，评价年份不足将影响分析结果。

覆盖的主体范围将影响研究结论的全面性。本报告立足全球视角研究创新发展格局，对数据覆盖范围要求较高，小范围的创新评估难以支撑核心结论。如《美国各州的科学技术指数》《欧洲创新记分牌》具有一定的地域性，对于本报告的支撑性相对有限。

数据来源的权威性决定了研究结论的科学性。本报告对数据来源的可靠性及评估结果在全球范围内的影响力具有较高要求，主要选取世界银行、国际货币基金组织、世界知识产权组织等权威机构的数据。

研究主题的契合度决定了榜单对研究结论的支撑性。本报告重点从国家视角、区域视角与企业视角三大维度剖析全球创新格局，分别从三大维度筛选契合度较高的创新榜单，同时结合世界知识产权组织、OECD、国家统计局等数据库资源，支撑研究主题。

(3) 数据分析视角。本报告综合考虑数据的延续性、数据来源的权威性、评估对象的代表性与研究主题的契合度，选取 GII 报告以及《欧洲创新记分牌》《欧盟工业研发投资记分牌》《全球创业生态系统报告》《南网科技创新指数》等创新榜单，结合权威数据库资源，分别从国家视角、区域视角与企业视角剖析全球创新发展格局及其演变态势。在国家视角，重点选取 GII 报告作为数据支撑，同时结合 OECD 数据库、世界知识产权组织数据库、世界经济展望数据库、中国国家统计局数据库等权威数据资源，从截面与时间序列角度分析全球创新格局。在区域创新视角，重点选取 GII 报告、《全球创业生态系统报告》，从科技集群角度剖析区域创新生态发展路径。在企业创新视角，重点选取《欧盟工业企业研发投入记分牌》《欧洲创新记分牌》《南网科技创新指数》等，结合联合国数据库、OECD 数据库、欧盟委员会联合研究中心等数据资源，把握领先企业创新动态。

在企业创新模式分析上，充分挖掘企业年度报告数据，剖析领先企业创新模式（法国电力、特斯拉等）。报告基础数据来源见附图 1。

	全球创新指数数据库 Global Innovation Index（GII）	• 提供基础数据，支持国家与区域视角创新格局研判 • 借助创新投入与产出指标分析创新格局演变动因
	欧盟工业企业研发投入记分牌 EU R&D Scoreboard	• 依托企业创新研发投入数据，分析研发投入的区域布局、行业分布、集中度，及其在不同所有制企业的差异
	联合国数据库	• 获取全球经济发展、科研教育水平等宏观数据，剖析领先国家创新优势，对比企业创新研发投入在全球的重要性
	世界知识产权组织数据库	• 依托全球专利申请量与授权量数据，剖析全球创新格局
	OECD数据库	• 获取代表性国家经济规模、研发投入规模与强度数据，分析支出规模与构成
	中国国家统计局数据库	• 获取中国宏观经济数据，以及创新投入规模与构成、专利授权数量，分析国内创新水平与创新挑战
	企业年度报告	• 剖析领先企业创新模式（华为、法国电力、特斯拉等），包括技术创新、商业模式创新与企业管理创新

附图 1　报告主要数据来源

参 考 文 献

［1］Graul A I，Pina P，Cruces E，et al. A report of new drugs research and development in 2018 Part I：New drugs & biologies（Ⅰ）［J］. Progress in Pharmaceutical Sciences，2019，41（4）：309 - 317.

［2］世界知识产权组织. 2019 年世界知识产权报告创新版图：地区热点，全球网络［R］. 世界知识产权组织，2019.

［3］陈曦. 全球科技创新格局变化与中国位势研究［J］. 宏观经济研究，2020（9）：77 - 102.

［4］许海云，张娴，张志强，等. 从全球创新指数（GII）报告看中国创新崛起态势［J］. 世界科技研究与发展，2017（5）：391 - 400.

［5］傅家骥，等. 技术创新—中国企业发展之路［M］. 北京：企业管理出版社，1992.

［6］夏保华. 企业持续技术创新：本质、动因和管理［J］. 科学技术与辩证法，2003（2）：78 - 80.

［7］罗珉，李亮宇. 互联网时代的商业模式创新：价值创造视角［J］. 中国工业经济，2015（1）：95 - 107.

［8］张维迎. 企业的企业家—契约理论［M］. 上海：上海人民出版社，1995.

［9］许庆瑞，郑刚，陈劲. 全面创新管理：创新管理新范式初探——理论溯源与框架［J］. 管理学报，2006（2）：135 - 142.

［10］刘光明. 企业文化［M］. 北京：经济管理出版社，2004.

［11］张振刚，陈志明，李云健. 开放式创新、吸收能力与创新绩效关系研究［J］. 科研管理，2015，36（3）：49 - 56.

［12］罗海. 巴斯夫公司技术创新管理研究［D］. 华东理工大学，2015.

［13］桂原，吴建军，王文生. 依靠"车＋桩＋光＋储＋荷＋智"，特斯拉能否巩固地位［J］. 企业管理杂志，2021.

［14］宁高宁. 科学至上——In Science We Trust 关于中化集团全面转型为科学技术驱动的创新平台公司的报告［R］. 中化集团，2018.

［15］王凤彬，王骁鹏，张驰. 超模块平台组织结构与客制化创业支持［J］. 管理世界，2019（2）：121－200.